Fritz Eisfeld (Hrsg.)

KERAMIK-BAUTEILE
in Verbrennungsmotoren

Sehr geehrter Leser,

bei den nachfolgenden Aufsätzen handelt es sich um die Referate einer Tagung des HAUSES DER TECHNIK in Essen. Das HDT, ein Außeninstitut der Technischen Hochschule Aachen, ist die älteste Weiterbildungseinrichtung für Ingenieure in Deutschland und gehört zu den größten ihrer Art.

Pro Jahr werden fast 1000 Tagungen und Seminare auf unterschiedlichsten Gebieten durchgeführt. Die Veranstaltungspalette umfaßt Bereiche und Branchen, wie beispielsweise Qualitätswesen, Fertigungstechnik, Instandhaltung, Bauwesen, Maschinenwesen, Elektrotechnik und Elektronik, Energietechnik, Verfahrenstechnik, Umweltschutz, Chemie, Medizin und Biotechnik.

Ein besonderer Schwerpunkt ist das Fahrzeugwesen. Themen wie Geräuschminderung, Fahrwerkstechnik, Rußminderung, Autolackierungen, Fahrzeugklimatisierung, Korrosionsschutz und Kraftfahrzeug-Elektronik stehen stellvertretend für fast 200 Tagungen, die in den letzten Jahren auf diesem Gebiet im Haus der Technik stattfanden.

Natürlich können immer nur einige wenige Tagungen als Buch herausgegeben werden. Auch kann ein noch so gut gemachtes Buch niemals den Besuch einer Fachtagung, bei der vielfach die Diskussion und die persönlichen Gespräche im Mittelpunkt stehen, ersetzen.

Falls Sie über das aktuelle Programm des HAUSES DER TECHNIK ständig unterrichtet werden möchten, rufen Sie uns an oder schreiben Sie uns. Für spezielle Fragen steht Ihnen Herr Dr. Hahn gerne zur Verfügung.

Ihr
HAUS DER TECHNIK

Postfach 10 15 43, Holtestraße 1, 4300 Essen 1 · Fernruf (02 01) 18 03-1
Fernschreiber 857 569 hdt d · Telefax-Nr. 02 01/18 03-269

Fortschritte der Fahrzeugtechnik 3

Fritz Eisfeld (Hrsg.)

KERAMIK-BAUTEILE

in Verbrennungsmotoren

Reibung
Verschleiß
Herstellung
Bearbeitung

Referate der Fachtagung

Friedr. Vieweg & Sohn   Braunschweig / Wiesbaden

Fortschritte der Fahrzeugtechnik

Exposés oder Manuskripte zu dieser Reihe werden zur Beratung erbeten unter der Adresse:
Verlag Vieweg, Postfach 5829, D-6200 Wiesbaden

Dieser Band enthält die Referate der Fachtagung im Haus der Technik Essen am 15. und
16.3.1988.

Herausgeber:
Prof. Dr.-Ing. *Fritz Eisfeld* betreut an der Universität Kaiserslautern in der Fakultät für
Maschinenwesen das Lehrgebiet Kraft- und Arbeitsmaschinen II

Der Verlag Vieweg ist ein Unternehmen der Verlagsgruppe Bertelsmann.

Umschlaggestaltung: Wolfgang Nieger, Wiesbaden

ISBN 978-3-528-06357-3   ISBN 978-3-322-88806-8 (eBook)
DOI 10.1007/978-3-322-88806-8

Vorwort

Im März 1988 wurde im Haus der Technik Essen eine Tagung über Keramik im Motor durchgeführt, die Klarheit schaffen sollte, wo Keramik im Motor sinnvoll eingesetzt werden kann und welche Probleme sich bei der Anwendung von Keramik ergeben. Einleitend wurde dabei gezeigt, wie sich die Tendenzen bezüglich des Keramikeinsatzes im Laufe der Zeit gewandelt haben, wobei man vom wärmedichten Motor abgekommen ist und die Vorteile der Keramik im Bereich des geringen Verschleißes und der besseren Reibungseigenschaften sieht. Die Themen behandeln speziell die für den Einsatz im Verbrennungsmotor zur Verfügung stehenden Keramiken mit ihren unterschiedlichen Eigenschaften, so daß man heute in der Lage ist, die verschiedenen Anforderungen mit der Keramik zu erfüllen. Sodann wurde eingegangen auf die Möglichkeit von Reibungs- und Verschleißmessungen mit der Beschreibung von Prüfständen und Meßverfahren. Ein weiteres heute noch ungeklärtes Problem ist die optimale Bearbeitung von Keramik für die ingenieurmäßige Anwendung. Hier interessierte insbesondere das Schleifen. Ein weiterer sehr wichtiger Punkt war die Frage nach geeigneten Schmierstoffen und nach den Anforderungen an diese Schmierstoffe. Auf diesem Gebiet ist ein großer Nachholbedarf an Forschungs- und Entwicklungsarbeiten vorhanden. Nach diesen Referaten über grundlegende Fragen wurden spezielle Probleme des Einsatzes im Motor behandelt wie wärmedichte Brennräume, Kurzbüchsen zur Verminderung des Zwickelverschleißes, sowie Portliner, die man einsetzt, um die Temperaturen des Abgases im Teillastbereich hochzuhalten. Eine weitere Frage ist die, nach der Eignung der Keramik für Rotoren von Abgasturboladern. Hier wurde über den Stand der deutschen Entwicklung berichtet. Schließlich ist als neue Variante der Einsatz von Keramikfasern in Kolben aus warmfesten Aluminiumlegierungen zu nennen, über die in einem weiteren Beitrag berichtet wurde.

Insgesamt zeigte die Tagung, wo sich neue Einsatzgebiete für die Keramik abzeichnen, insbesondere im Hinblick auf hohe Verschleißfestigkeit und bessere Reibungseigenschaften und wo noch verstärkt geforscht werden muß, ehe die Keramik in großen Serien im Verbrennungsmotor eingesetzt werden kann.

F. Eisfeld   Kaiserslautern, Januar 1989

Referentenverzeichnis

Dipl.-Ing. *K. D. Aengeneyndt,* UK-Mineralölwerke Wetzel u. Weidemann, Eschweiler

Prof. Dr.-Ing. *F. Eisfeld,* Fachbereich Maschinenwesen, Universität Kaiserslautern

Dipl.-Ing. *O. Fries,* Dipl.-Ing. *Th. Muckenfuß,* Fachbereich Maschinenwesen, Universität Kaiserslautern

Dr. *Greim,* Elektroschmelzwerk Kempten, München

Dr.-Ing. *Mielke,* Kolbenschmidt AG, Neckarsulm

Dipl.-Ing. *Muckenfuß,* Fachbereich Maschinenwesen, Universität Kaiserslautern,

Prof. Dr.-Ing. *Spur*, Dipl.-Ing. *E. Uhlmann*, Institut für Werkzeugmaschinen und Fertigungstechnik, TU Berlin

Dipl.-Ing. *Steiner,* Hoechst CeramTec, Selb

Dr.-Ing. *Zernig*, Klöckner Humboldt Deutz AG, Köln

Inhaltsverzeichnis

Einsatz von Keramik in Verbrennungsmotoren im Wandel der Zeit

von F. Eisfeld

1. Einleitung

Der Einsatz von Keramik im Verbrennungsmotor ist heute eines der Themen, das hinsichtlich der Zielsetzung große Wandlungen durchgemacht hat. Keramik findet im Motor aber schon seit langem Verwendung, nämlich als Isolator der Zündkerze, d.h. praktisch seit dem Einsatz des Motors als Antrieb des Automobils. Bild 1 zeigt die erste Zündkerze mit einem Isolator aus Porzellan (Keramik).

Der Wunsch, Keramik im Verbrennungsmotor einzusetzen, ist vor 20 - 25 Jahren entstanden. Damals war man bei der Entwicklung der Luftfahrt-Gasturbinen an Grenzen bezüglich der Warmfestigkeit der benutzten metallischen Werkstoffe gestoßen. Gleichzeitig wollte man den Wirkungsgrad verbessern, und der Ruf nach einem Werkstoff, der für hohe Temperaturen geeignet ist, wurde immer lauter. Dabei kam man auf die Keramik als einen Werkstoff, von dem man sich die Lösung der Probleme versprach.

Die Entwicklung ging weiter in Richtung eines wärmeisolierten Motors. Auch hier zeigte sich die Keramik als ein geeigneter Werkstoff zur Wärmeisolation. Dann suchte man nach einem Werkstoff für Gleitpartner mit geringer Reibung. Schließlich wollte man die Lebensdauer der Motoren durch Minimierung des Verschleißes verlängern, was wieder die Keramik ins Gespräch brachte.

Seither sind viele Untersuchungen über die Werkstoffeigenschaften der Keramik durchgeführt worden. Damit einher ging die Weiterentwicklung der Herstellungsverfahren. Gleichzeitig entstanden Keramiken für die verschiedenen Anwendungsfälle. Parallel dazu lief und läuft die Erprobung von Keramikbauteilen in Motoren und Turbinen.

Im Laufe der Entwicklung hat sich aber gezeigt, daß sich nicht alle ursprünglichen Pläne und Absichten verwirklichen lassen, aber auch, daß die Keramik Eigenschaften besitzt, die sie für bestimmte Anwendungsfälle interessant macht. Deshalb soll im folgenden auf die Tendenzen und Ansichten für den Einsatz von Keramik im Verbrennungsmotor näher eingegangen werden.

2. Keramik als Hochtemperaturwerkstoff

Mit der zunehmenden Leistungssteigerung der Flugtriebwerke und der Erhöhung der Eintrittstemperaturen in der Turbine trat das Problem auf, Werkstoffe zu finden, die für diese hohen Temperaturen geeignet sind. Es war hier einmal das Problem der thermischen Beanspruchung der Brennkammer, bei der man trotz Kühlung an die Grenzen der Festigkeit und Temperaturbeständigkeit der metallischen Werkstoffe angekommen war. In Bild 2 ist die Entwicklung der Temperaturen der Brennkammerwandung und die Temperaturgrenzen der benutzten Werkstoffe eingetragen.

Das zweite Problem war, geeignete Werkstoffe für die
Turbine zu finden, nämlich für die Schaufeln, aber auch für
den Läufer. Die Anhebung der Turbineneintrittstemperatur ist
schon seit langem ein Wunschziel, weil damit der Wirkungsgrad
der Turbine wesentlich verbessert werden kann. Die augen-
blicklichen Grenzen der Eintrittstemperatur liegen bei etwa
1.250 K und man strebt an, diese Temperatur um etwa 200 K zu
erhöhen. Dafür muß ein geeigneter Werkstoff für die Schaufel
und für den Läufer gefunden werden. Es bietet sich hier genau
wie für die Brennkammer Keramik an.

Während jedoch bei der Brennkammer die mechanische Beanspruchung nicht die wesentliche Rolle spielt, werden die
Schaufeln infolge der hohen Umfangsgeschwindigkeit mechanisch
sehr hoch beansprucht. Gleichzeitig spielen bei den Schaufeln, aber ebenso bei der Brennkammer schnelle Temperaturän-
derungen eine Rolle. Das Verhalten bei Thermoschock war lange
Zeit ein Gebiet der Untersuchung an Keramikwerkstoffen für
Gasturbinen, da gerade auf diesem Gebiet Nachteile der Keramik gegenüber duktilen Werkstoffen sichtbar wurden. Von der
Gasturbinenentwicklung aus werden an die Keramik Forderungen
nach hoher Festigkeit bei höchsten Temperaturen, nach geringer Anfälligkeit gegen Thermoschock und bezüglich der Einhal-
tung der Schaufelform hohe Maßbeständigkeit bei der Herstellung gestellt. Auf diesem Gebiet sind viele Arbeiten durchgeführt worden, die zur Entwicklung von Brennkammern, Schaufeln
und Läufern aus Keramik führten. Bild 3 zeigt eine Brennkamer
aus Keramik.

Bei der Entwicklung von Schaufeln und Rotoren für
Gasturbinen war man auch der Auffassung, daß es zweckmäßig
sein könnte, für die Rotorscheibe metallische Werkstoffe und
für die Schaufeln Keramik einzusetzen. Es wurden entsprechende Läufer entwickelt und erprobt. Die Ergebnisse, die man
bei der Entwicklung von Keramikbauteilen bei Luftfahrttrieb-
werken erzielt hat, was aber noch nicht zu einem serienmäßi-
gen Einsatz in großen Gasturbinen geführt hat, waren die Basis für eine Entwicklung von Rotoren aus Keramik für Abgasturbolader. Einen solchen Rotor von der Firma KKK zeigt
Bild 4. In Deutschland ist die Entwicklung noch nicht abgeschlossen, während NISSAN in Japan schon in kleineren Serien
Abgasturbolader mit Turbinenläufern aus Keramik einsetzt.

Der nächste Schritt ist der Übergang vom Abgasturbolader
zur Kleingasturbine. Hierzu zeigt Bild 5 das Konzept einer
Kleingasturbine von DAIMLER BENZ mit Gastemperaturen von
1.350 °C, bei der keramische Werkstoffe zur Verwendung kommen /1/. Größere Einheiten mit Keramikläufern und Keramik-
brennkammern sind bis heute noch nicht im Einsatz.

3. Der wärmedichte Motor

Das Bestreben, den Wirkungsgrad eines Verbrennungsmotors
zu verbessern führte zum wärmeisolierten Motor. Man erhoffte
sich durch einen solchen Motor höhere Verbrennungstemperaturen und damit einen höheren Wirkungsgrad. Als wärme-
dichter Motor kam der DIESEL-Motor in Frage, jedoch hat ZAPF

bereits 1975 über Berechnungen berichtet, die das Ergebnis hatten, daß bei einem wärmeisolierten Brennraum beim DIESEL-Motor kaum mit großen Wirkungsgradverbesserungen zu rechnen ist /2/. Dennoch hat man in der Folgezeit sich intensiv mit der Entwicklung eines wärmedichten Motors befaßt. Hier wurden vor allem Brennräume, z.B. Kolbenmulden, isolierte Zylinderköpfe, Wirbelkammereinsätze, Ventile, Ventilführungen, Zylinderbüchsen, Portliner aus Keramik erprobt /3/. Aber auch Kolben und Ventile wurden aus Keramik hergestellt. Als Beispiel zeigt Bild 6 einen aufgeschnittenen Motor mit Keramikteilen, Bild 7 eingegossene Portliner in einem Zylinderkopf und Bild 8 Keramik-Zylinderbüchsen in einem Zylinderblock.

Besonders sind auf diesem Gebiet die Arbeiten des TACOM-Projektes zu nennen, das vom US Army and Tank Automotive Command in Zusammenarbeit mit CUMMINS verfolgt wurde und wird /4/,/5/. Hierbei war einmal der Hintergrund die Verbesserung des Wirkungsgrades, aber, da es sich um Motoren für militärische Zwecke handelte, war es vor allen Dingen die Einsparung des Kühlers, der ja ein besonders anfälliges Bauteil ist. Dieses Programm wurde bereits 1980 vergestellt und man hatte die Absicht, wärmedichte Motoren zu entwicklen, beginnend mit Motoren zum Antrieb von Lastkraftwagen mit einer Leistung von etwa 150 kW bis zum Panzermotor mit einer Leistung von über 1.000 kW. Welche Teile hier aus Keramik bestehen, zeigt das Bild 9 am Querschnitt eines DIESEL-V-Motors. Diese Versuchsmotoren sind bisher auch diejenigen mit der längsten Laufzeit.

Nicht nur in den USA, sondern überall hat man das Projekt des wärmedichten Motors aufgegriffen /6/,/7/,/8/,/9/. Es wurden Motoren mit Keramikkolben und Keramiklaufbüchsen gebaut und untersucht. ISUZU schockierte mit der Meldung, einen Mehrzylinder-DIESEL-Motor mit beachtlicher Wirkungsgradsteigerung entwickelt zu haben. Allerdings konnte dieses niemals nachgewiesen werden. Diese Projekte des wärmedichten Motors hat man weltweit jahrelang verfolgt, bis WOSCHNI die Ergebnisse seiner Arbeiten für die FVV, über die er im vergangenen Jahr auch im Haus der Technik vortrug, auszugsweise veröffentlichte /10/, denn das Ergebnis seiner Untersuchungen war, daß der wärmedichte Motor nicht besser ist, sondern schlechter, vor allem auch bezüglich der Abgasemission infolge der hohen Temperaturen. Diese Arbeit hat auch bei vielen Firmen einen Schock ausgelöst und den Traum vom idealen Motor platzen lassen.

Jedoch sollte man einmal die Ergebnisse der Untersuchungen an wärmedichten Motoren, die an ausgeführten Exemplaren gewonnen wurden, einer näheren Betrachtung unterziehen, um einmal festzustellen, was insgesamt an brauchbaren Ergebnissen erhalten wurde und an welchen Stellen des Motors eine Wärmeisolierung Erfolg verspricht.

Man kann heute davon ausgehen, daß der Portliner für den Auslaß eine Entwicklungsreife erlangt hat, so daß er und das geschieht bereits, in der Serie eingebaut werden kann /11/. Diese Portliner minimieren die Wärmeabfuhr an das Kühlwasser im Auslaßkanal, was zur Folge hat, daß besonders im unteren Teillastbereich, Abgas mit einer höheren Temperatur der

Abgasturbine zuströmt, so daß hier eine höhere Leistung der
Turbine erreicht wird. Das ist in diesem Bereich besonders
wünschenswert, da hier normalerweise der Abgasturbolader
infolge der niedrigen Gastemperaturen die geforderte
Luftmenge nicht zur Verfügung stellen kann. Sieht man von den
Problemen, die mit den höheren Verbrennungstemperaturen im
Motor verbunden sind, ab, so ist es überlegenswert, welche
Vorteile man bei teilweiser Wärmeisolation des Motors erei-
chen könnte.

Das zweite ist die Einsparung des Kühlers, die auch bei
dem TACOM-Projekt eine wesentliche Rolle spielte, die aber
auch für den modernen Automobilmotor interessant werden
kann /4/. Die immer tiefer heruntergezogene Motorhaube führt
zu Kühlerformen, die außerordentlich ungünstig sind. Bei einer Weiterentwicklung ist damit zu rechnen, daß der bisher
eingesetzte Kühler so nicht mehr verwendungsfähig ist. Deshalb wäre es günstig, wenn man die abzuführende Wärme minimieren kann.

Diese groß angelegten Untersuchungen bei CUMMINS haben
aber noch weitere Probleme aufgespürt und gezeigt, wo die Keramik außer unter dem Gesichtspunkt des wärmedichten Motors
sonst noch im Motor Vorteile bringen könnte.

4. <u>Keramik als Gleitpartner mit geringer Reibung</u>

Der Wunsch den spezifischen Verbrauch eines Motors zu
senken hat zur Folge, daß man nicht nur die Verbrennung verbessert, sondern daß man auch bemüht ist, die mechanischen
Verluste zu minimieren, d.h. auch die Reibungsverluste weiter
herabzusetzen. Auf diesem Gebiet verspricht man sich vom Einsatz der Keramik Einiges, da umfangreiche Untersuchungen an
Keramik gezeigt haben, daß diese sich insbesondere bei
Trocken- oder Mischreibung wesentlich günstiger verhält, als
metallische Werkstoffe /12/,/13/,14/.

Allerdings sind die meisten Untersuchungen über Reibung
von Keramikgleitpartnern an Systemen durchgeführt worden, die
nicht der Wirklichkeit entsprechen, so daß keine Ergebnisse
vorhanden sind, die das Reibverhalten der Keramik beim Einsatz im Motor wiedergeben. Auf diesem Gebiet erwartet man
aber, daß insgesamt die Reibungsverluste geringer werden, was
auch KAMO /5/,/6/ bei seinen Untersuchungen ermittelte.

Deshalb findet heute die Keramik wieder Interesse,als
Gleitschicht mit optimalen Gleiteigenschaften, d.h. mit geringeren Reibungsbeiwerten. Jedoch haben die zahlreich durch-
geführten Untersuchugnen gezeigt, daß sich die verschiedenen
Keramiken bezüglich der Reibung unterschiedlich verhalten
(Bild 10), daß aber auch die Bearbeitung der Keramik eine wesentliche Rolle spielt /15/. Die Folge davon ist, daß man
sich heute vermehrt mit der optimalen Bearbeitung der Keramik
befaßt, denn es ist bekannt, daß die Keramikoberfläche bei
falscher Bearbeitung im Betrieb sehr schnell zerstört wird
und daß bezüglich der Bearbeitung andere Maßstäbe angelegt
werden müssen, als bei duktilen Werkstoffen.

Bezüglich der keramischen Gleitschichten hat man die
Wahl zwischen einer Vollkeramik, einer dickwandigen Schicht,
oder einer dünnen Schicht, die elastisch genug ist, alle Ver-
formungen des metallischen Tragkörpers mitzumachen.

Die guten Gleiteigenschaften der Keramik könnten dazu
führen, daß man Keramikschichten aufbringt, um an Schmieröl
einzusparen, von dem man weiß, daß es zur Partikelemission
wesentlich beiträgt. Allerdings ist die Frage noch nicht
restlos geklärt, ob es nicht zweckmäßiger ist, für Keramik
neue Schmierstoffe zu entwickeln. Auch KAMO ging bereits vor
einigen Jahren auf dieses Problem ein. Dabei ist zu unter-
scheiden, die Entwicklung von Schmierstoffen für wesentlich
höhere Temperaturen, wenn man den Motor weitgehend isoliert,
und von Schmierstoffen, die besonders geeignet sind zur
Schmierung von Keramikgleitpartnern im bisher üblichen Temperaturbereich, auch im Zylinderbereich. Keramik als geeigneter
Gleitpartner zur Herabsetzung der Reibungsverluste ist bei
kalten Maschinen, z.B. bei Höchstdruckkolbenpumpen schon seit
Jahren im Einsatz und hat sich dort bewährt. Im Motor könnte
die Dünnschichtkeramik, die jedoch erst am Anfang der Entwicklung steht, eine große Bedeutung bekommen,.

5. <u>Keramik als Schutz gegen Verschleiß</u>

Der Motorverschleiß, der inzwischen durch geeignete
Werkstoffe und durch geeignete Konstruktionen schon auf mini-
male Werte herabgedrückt wurde, ist aber auch heute noch ein
Gebiet, bei dem man versucht weitere Verbeserungen zu erzie-
len. Auch hier denkt man an den Einsatz von Keramik z.B. bei
Kolben, Zylindern, Kolbenringen und bei der Ventilführung,
aber auch an Gleitflächen bei Schwinghebeln. Bei richtiger
Werkstoffwahl und entsprechender Bearbeitung läßt sich der
Verschleiß durch Einsatz von Keramik minimieren.

Die aktuellen Probleme im Motor sind der Zwickelver-
schleiß im oberen Totpunkt, der Verschleiß an den Ventilführungen und der Verschleiß an Gleitflächen bei Schwinghebeln
und ähnlichem. Das Problem des Zwickelverschleißes hofft man
zu lösen durch Verwendung einer Kurzbüchse, d.h. man benutzt
eine normale Graugußbüchse, die im oberen Teil einen Einsatz
aus Keramik hat. Dadurch hat man keinen vollisolierten Zylinder. Auf der einen Seite kann genügend Wärme an das Kühlwasser abgeführt werden, zum anderen hat man einen Verschleißschutz in dem Bereich, in dem Trocken- und Mischreibung auftritt, nämlich im oberen Totpunkt, indem der Schmierfilm im
allgemeinen zusammenbricht. Ob diese Konzeption ideal ist,
können erst laufende Versuche, wie sie im Rahmen eines FVV-
Projektes durchgeführt werden, beweisen.

Zur Lösung des Verschleißproblems könnte eine dünne Keramikschicht, die gut wärmeleitend ist, beitragen. Jedoch
stehen auch hier Untersuchungen und Entwicklungen erst am Anfang. Ob diese dünnen Schutzschichten aus Keramik die einzige
Lösung darstellen, oder ob man Schichten aus anderen
Materialien aufbringt, die noch geeigneter sind, wird die Zukunft zeigen müssen. Das Problem der Keramik als Werkstoff,

der sich bezüglich des Verschleißes als besonders günstig
zeigt, liegt darin, daß bei falscher Bearbeitung der Oberfläche Keramik schneller zerstört wird, als ein duktiler Werkstoff. Denn sobald sich aus der Oberfläche größere Teilchen
herauslösen, wirkt die Keramik als Schmirgel, der nicht nur
die Keramikschicht zerstört, sondern vor allen Dingen auch
die Gegenschicht. Aus diesem Grund müssen besonders Untersuchungen bezüglich der Bearbeitung von Keramik und was die
Dünnschichten anbetrifft, der Haftung der Keramik auf den metallischen Untergrund, in nächster Zeit verstärkt durchgeführt werden.

6 Keramik als Strukturmaterial

Neben den bereits erwähnten Einsatzmöglichketien der
Keramik im Motor gibt es zwei weitere Gebiete, in denen Keramik als Strukturmaterial Verwendung findet. Das sind zum
einen die rotierenden Wärmetauscher für Fahrzeuggasturbinen,
bei denen die Struktur aus Keramik besteht. Ein solcher Wärmetauscher ist in Bild 11 gezeigt. Hier dient die Keramik als
Wärmespeicher. Die Schwierigkeiten, die hier zu überwinden
waren, waren die, daß der Keramikgrundkörper bei Erschütte-
rungen, wie sie im Fahrzeug vorkommen, beschädigt werden
konnte. Der Nachteil eines solchen Wärmetauschers ist sein
hoher Preis. Ähnlich wie die Struktur eines solchen Wärmetauschers ist die Struktur eines Katalysators und des Rußfil-
ters, deren Grundkörper ebenfalls aus Keramik besteht. Diese
Beispiele zeigen, daß Keramik im Verbrennungsmotor auf weiteren Gebieten bereits Eingang gefunden hat, wobei der Katalysator heute millionenfach hergestellt wird.

7. Tendenzen heute

Nach den vielen Diskussionen über Sinn und Zweckmäßig-
keit des Einsatzes von Keramik im Motor läßt sich heute eine
Linie aufzeigen, bei der die Keramik Aussichten hat, im Motorenbau und Turbinenbau Fuß zu fassen. Was die Gasturbine anbetrifft, so dürfte in absehbarer Zeit der Keramikrotor für
die Turbine eines Abgasturboladers der erste Bereich sein,
indem die Keramik eine weite Verbreitung finden wird. Hierzu
sind aber noch werkstoffseitig und herstellungstechnisch einige Voraussetzungen bezüglich der erforderlichen Gleichmäßigkeit der Qualität der einzelnen Rotoren zu schaffen, wobei enge Tolleranzgrenzen vorgeschrieben werden müssen.
Im Verbrennungsmotor ergeben sich nach heutiger Sicht
folgende Bereiche, in denen die Keramik weiteren Eingang finden wird. Das sind zunächst die Portliner, die heute in einigen Motoren serienmäßig eingebaut werden. Hier wird man durch
verbesserte Technik, vor allem durch Verbindungstechnik zwischen Keramik- und Zylinderkopfmaterial noch weitere Fortschritte erzielen und man wird mit Rücksicht auf die Verminderung der Wärmeabgabe an das Kühlwasser vor allen Dingen bei

Motoren mit Abgasturboladern vornehmlich Keramikportliner einsetzen.

Kolbenmulden mit Keramik zu isolieren dürfte z.Zt. noch einige Schwierigketien bereiten, man wird evtl. deswegen auf andere Werkstoffe übergehen, welche die geforderten Eigenschaften der Wärmeisolation soweit erforderlich bei entsprechend hoher Festigkeit besitzen.

Die größten Aussichten des Einsatzes von Keramik hat die Keramik als Werkstoff zur Verminderung des Verschleißes und zur Verminderung der Reibung. Hier dürften als erstes Ventilführungen zum Einsatz kommen, keramikgepanzerte Ventile und Keramik-Sitzringe dürften noch etwas auf sich warten lassen. Geeignete Konstruktionen und andere Werkstoffe könnten hier die Keramik überflüssig machen.

Das Probelm des Zylinderverschleißes, des Kolbenverschleißes und des Ringverschleißes ist das Gebiet, dem man sich in Zukunft verstärkt zuwenden wird. Bezüglich der Kolbenringe ist zu sagen, daß schon seit Jahren Untersuchungen an keramikbeschichteten Ringen laufen und daß diese Entwicklung weiter verfolgt wird. Man kann damit rechnen, daß keramikbeschichtete Ringe eines Tages in größerem Umfang Eingang in den Motorenbau finden werden. Dazu kommen Entwicklungen neuer Keramiken mit entsprechend hoher Elastizität, die es gestatten, Kolbenringe aus Vollkeramik herzustellen. Diese Ringe werden allerdings zunächst nur bei Verdichtern Eingang finden. Ob eine Weiterentwicklung in Richtung Kolbenringe für Verbrennungsmotoren erfolgversprechend verlaufen wird, läßt sich jetzt noch nicht abschätzen.

Bezüglich der Verwendung von Keramik beim Kolben und beim Zylinder läßt sich jetzt schon erkennen, daß Keramik hier nicht als isolierendes Material, sondern als Schutz gegen Verschleiß große Aussichten hat, Eingang zu finden. Das wird noch verstärkt durch die Absicht, in den USA per Gesetz die Obergrenze des Schmierölverbrauchs drastisch herabzusetzen, d.h. einen Übergang auf Minimalschmierung zu forcieren. Da könnte wegen der guten Gleiteigenschaften Keramik die Lösung sein. Allerdings wird vermutlich nicht die Vollkeramik Anwendung finden, sondern die dünne Keramikschicht.

Ob in diesem Zusammenhang auch neue Schmierstoffe Einsatz finden werden, läßt sich z.Zt. noch nicht abschätzen, denn diese Schmierstoffe müßten auf einer anderen Basis aufgebaut sein, als die bisher in Verbrennungsmotoren eingesetzten.

Auf dem Gebiet der dünnen keramischen Schichten sind umfangreiche Arbeiten in Angriff genommen worden. Ein allgemeines Lösungskonzept ist bisher jedoch noch nicht bekannt. Es ist aber damit zu rechnen, daß unter dem Druck der Zeit sehr bald sich eine neue Richtung bezüglich der Oberflächenbeschichtung mit Keramik und ähnlichen Materialien abzeichnet. Bezüglich des Verschleißes sei hier noch auf den Einsatz von Gleitstücken und Gleitsteinen bei Schwinghebeln und bei Stößeln hingewiesen, auch hier zeigen sich einige erfolgversprechende Ansätze.

8. <u>Zusammenfassung und Ausblick</u>

Der Einsatz von Keramik im Motorenbau dürfte in der Zukunft eine große Bedeutung erlangen, wobei sich aufgrund der
vorliegenden Erfahrungen schon abschätzen läßt, wo Keramik
vorteilhaft eingesetzt werden kan. Allerdings läßt sich jetzt
schon sagen, daß über die Eigenschaft der Keramik unter den
Anforderungen, wie sie im Verbrennungsmotor angetroffen werden, noch relativ wenig grundlegende Erkenntnisse vorhanden
sind, auch bezüglich der Herstellung, der Maßhaltigkeit und
vor allen Dingen der erfoderlichen Oberflächenbearbeitung.
Hier liegen Gebiete, die in Zukunft eine umfangreiche For-
schungsarbeit erfordern. Das Problem der Reibung und des Verschleißes muß in Zusammenhang mit dem Werkstoff, der Bearbeitung und dem Schmierstoff gesehen werden. Insgesamt kann man
heute sagen, daß die Keramik für den Motor interessanter ge-
worden ist als je zuvor, allerdings unter neuen Gesichtspunk-
ten, vor allen Dingen des Verschleißes und der Minimierung
der Reibung.

9. <u>Literatur</u>

/1/ ZIEGLER, G.   "Keramik – eine Werkstoffgruppe mit Zukunft";
DVLR-Nachrichten, 1986, H. 49, S. 42 - 50.

/2/ ZAPF, H.   "Grenzen und Möglichkeiten eines wärmedichten Brennraumes bei DIESEL-Motoren";
VDI-Berichte 238, 1975, S. 85 - 87.

/3/ KAMO, R.
BRYZIK, W.   "Ceramics in Heat Engines";
SAE-Paper 790645.

/4/ BRYZIK, W.
KAMO, R.   "TACOM/CUMMINS Adiabatic Engine Program";
SAE-Paper 830314.

/5/ KAMO, R.
BRYZIK, W.   "CUMMINS/TACOM Advanced Adiabatic Engine;
SAE-Paper 840428.

/6/ SEKAR, R. R.
KAMO, R.
WOOD, J. C.   "Advanced Adiabatic DIESEL Engine For Passenger Cars";
SAE-Paper 840434.

/7/ HINTON, J. W.
MACBETH, J. W.
TENEYCK, M. O.   "Recent Developments in the Fabrication and Testing of Ceramic Engine Components";
Combustion Engines, J. Mech. E. 1985-3, S. 505 - 517.

/8/ ZERNIG, N.   "Brennraumisolation von DIESEL-Motoren durch den Einsatz keramischer Werkstoffe";
Einsatzchancen keramischer Werkstoffe im Motorenbau, HdT Essen, 10. u. 11.03. 1987.

/9/ FINGERLE, D.   "Einsatz technischer Keramik im Motorenbau; Teil II: Bauteilentwicklung und Erprobung";
Jahrbuch technische Keramik 1987.

/10/ WOSCHNI, G.   "Der Einfluß von Isoliermaßnahmen auf die Prozeßgrößen bei DIESEL-Motoren";
MTZ 47 (1986) H. 12, S.

/11/ KÖRKMEMEIER, H.   "Erfahrungen mit Portlinern im PKW-OTTO-Motor";
Einsatzchancen keramischer Werkstoffe im Motorenbau, HdT Essen, 10. u. 11.03. 1987.

/12/ SHIMAUCHI, T.   "Tribology at High Temperature for
     MURAKAMI, T.   Uncooled Heat Insulated Engines";
     NAKAGAKI, T.   SAE-Paper 840429.
     TSUYA, Y.
     KAZUNORI, U.

/13/ FLYNN, G.   "A Low Friction, Unlubricated,
     MACBETH, J. W.   Uncooled Ceramic DIESEL Engine -
                        Chapter II";
                        SAE-Paper 860448.

/14/ DROSCHA, H.   "Reibung und Verschleiß bei Keramik im
                        Motorenbau";
                        MTZ 48 (1987) H. 78, S. 278 - 290.

/15/ BREZNAK, J.   "Sliding Friction and Wear of
     REVAL, E.   Structural Ceramics; Part 1: Room
     MACMILLAN, N. H.   Temperature Behavior";
                        J. of Material Science 20 (1985),
                        S. 4657 - 4680.

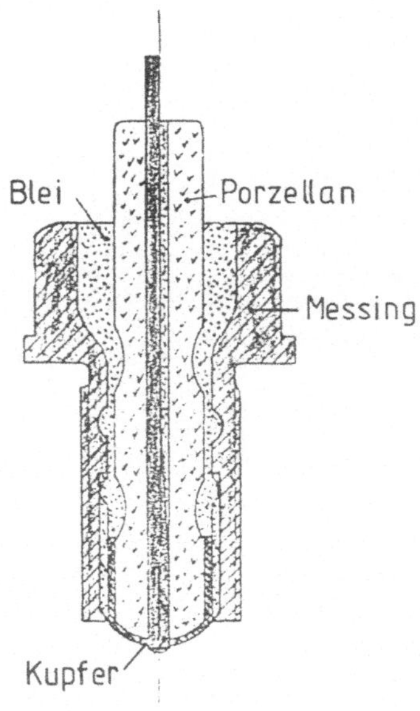

Zündkerze von Lenoir 1861

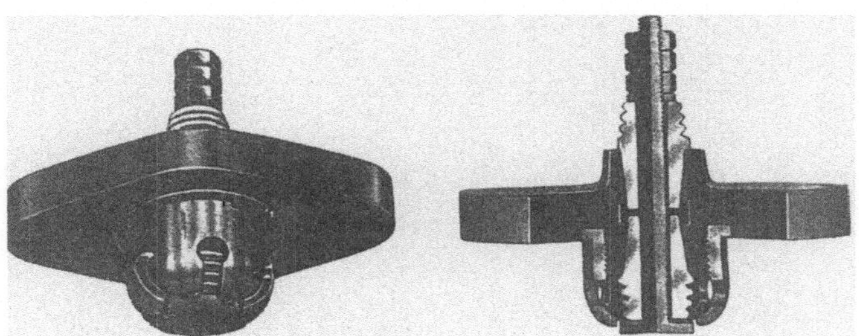

Zündkerze von Bosch 1902

Universität Kaiserslautern	Zündkerze mit Keramik	Eisfeld
		8803-01

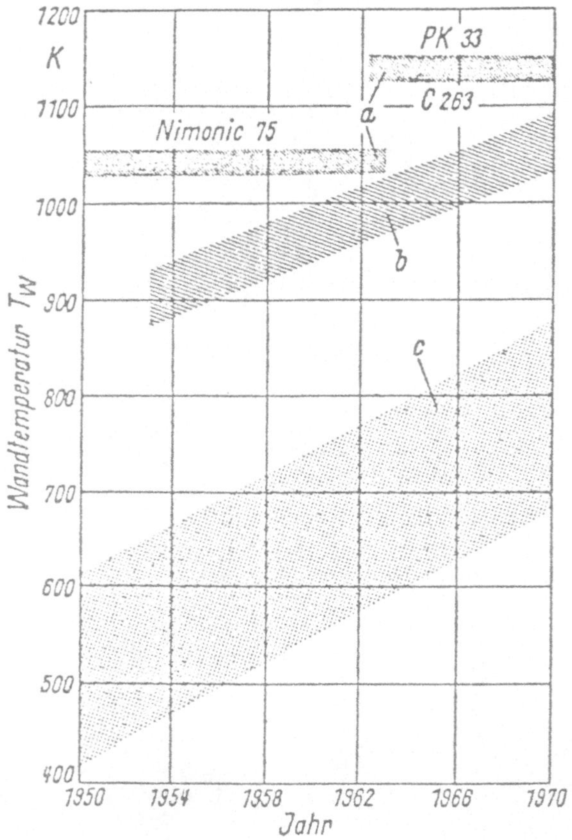

a maximal zulässige Werkstofftemperatur
b Bereich der tatsächlichen Werkstofftemperaturen
c Brennkammereintrittstemperaturen

Universität Kaiserslautern	Temperaturgrenzen warmfester Gasturbinenwerkstoffe	Eisfeld 8803-02

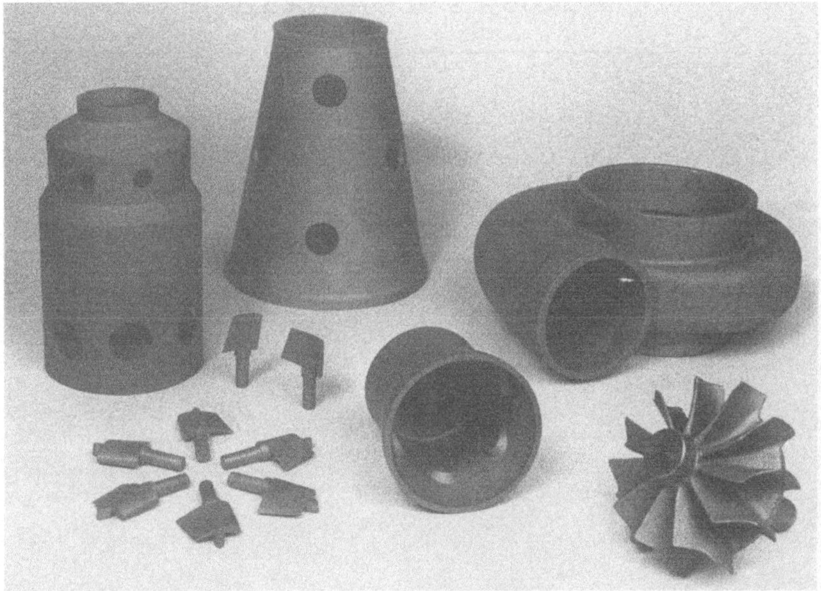

Universität Kaiserslautern	Gasturbinenteile aus Keramik	Eisfeld 8803-03

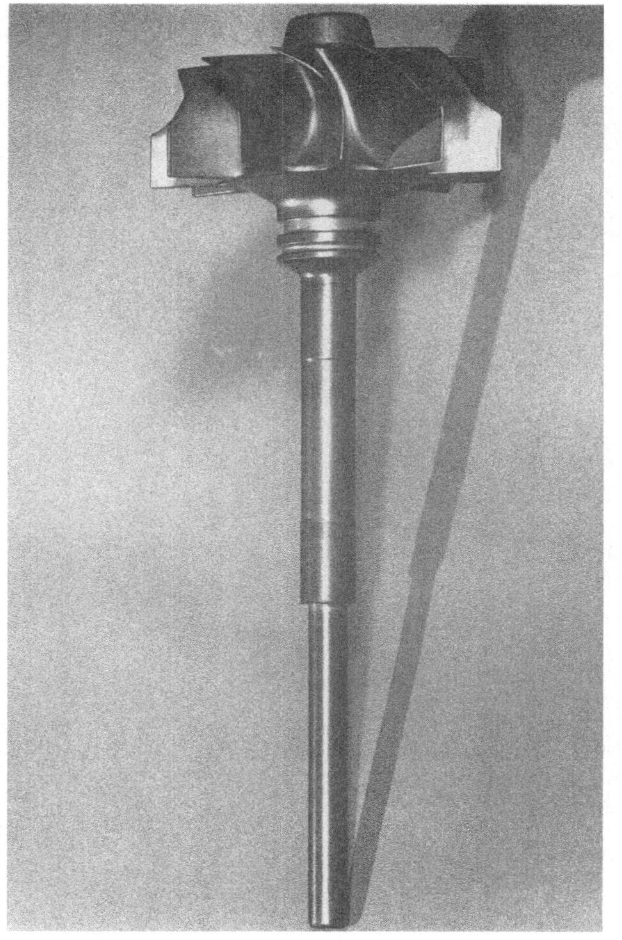

Universität Kaiserslautern

Rotor eines Turboladers aus Keramik

Eisfeld

8803 - 04

Universität Kaiserslautern	Kleingasturbine von Daimler Benz	Eisfeld
		8803-05

Universität Kaiserslautern	Keramikteile in einem Dieselmotor	Eisfeld 8803-06

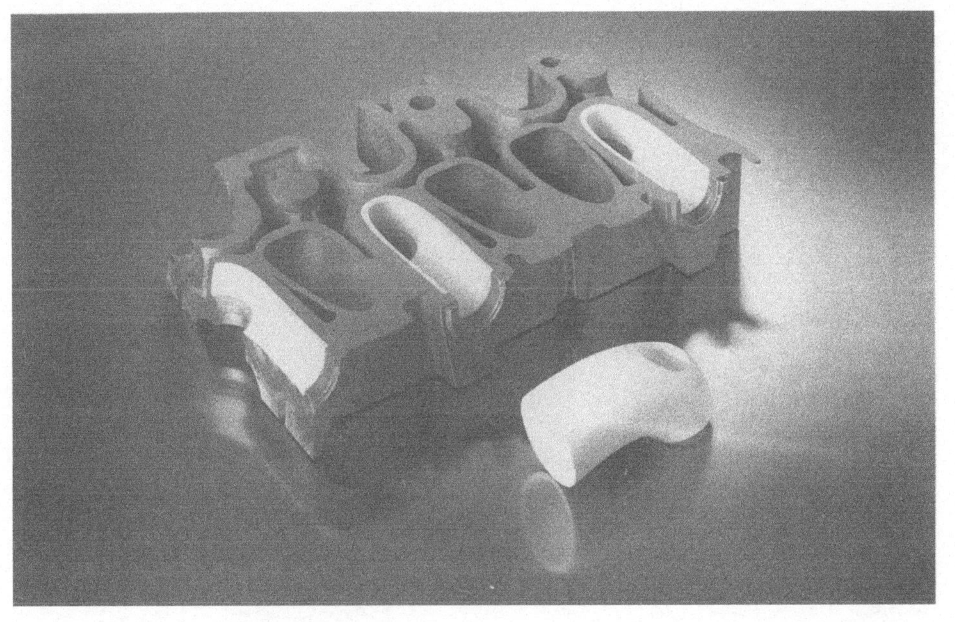

Universität Kaiserslautern	Portliner aus Keramik im Zylinderkopf	Eisfeld 8803-07

Universität Kaiserslautern	Keramik-Kurzzylinderbuchsen in einem Motorblock	Eisfeld 8803-08

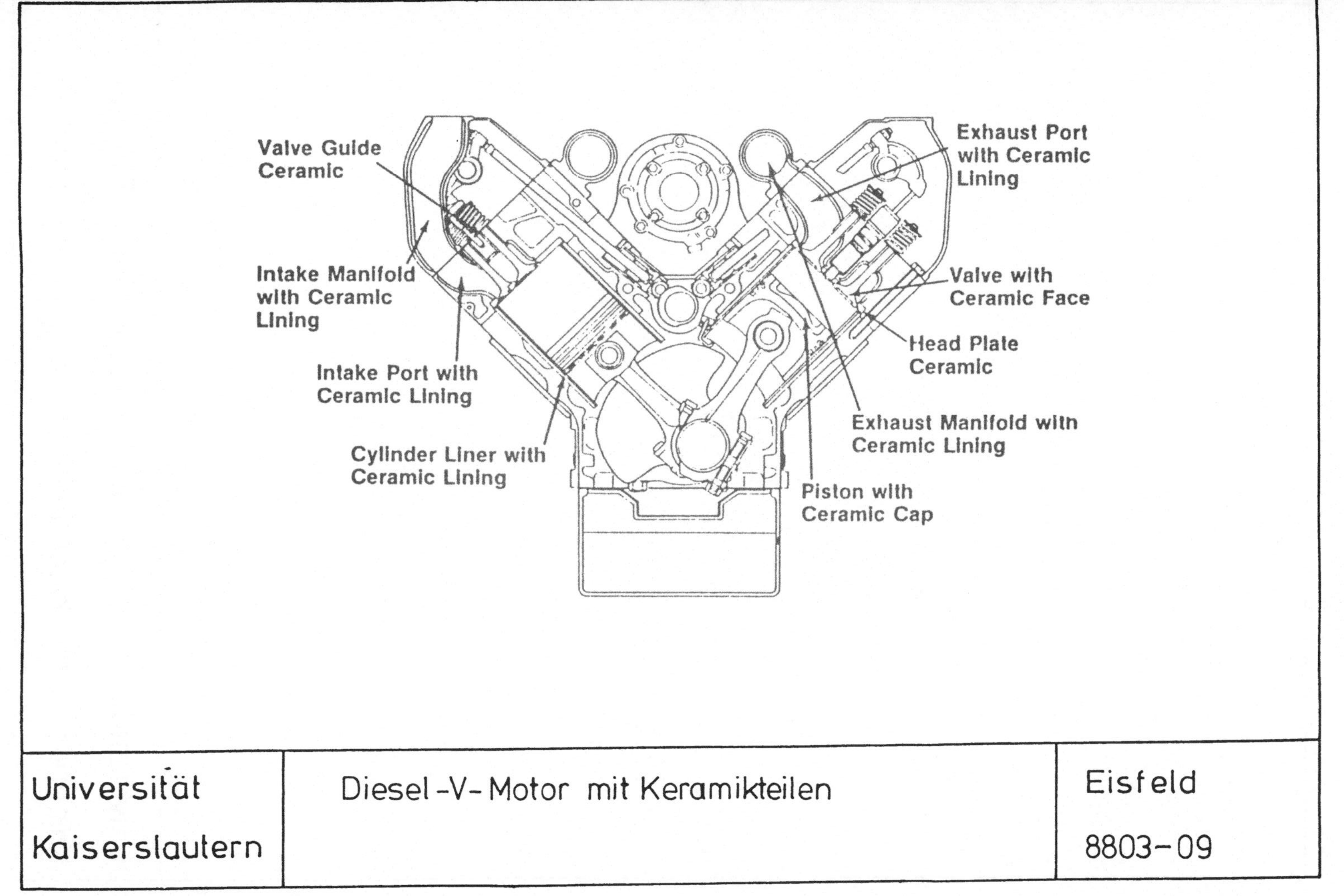

Universität Kaiserslautern	Diesel-V-Motor mit Keramikteilen	Eisfeld 8803-09

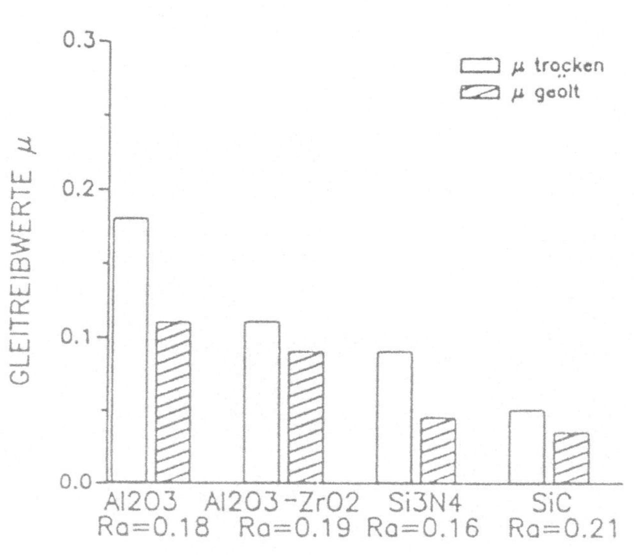

Universität Kaiserslautern	Gleitreibwerte verschiedener Keramik-Gleitpaarungen	Eisfeld 8803-10

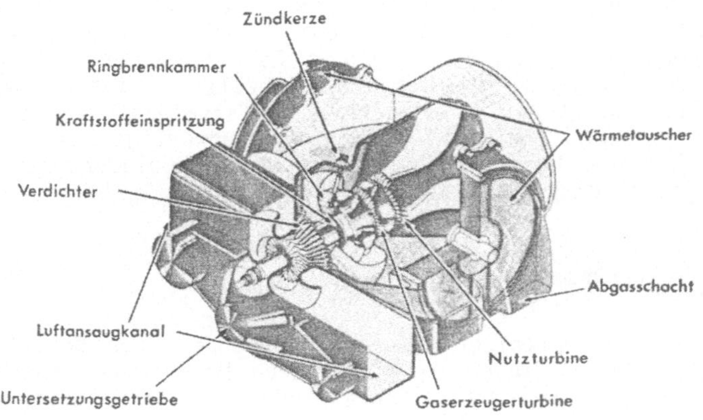

Universität Kaiserslautern	Fahrzeuggasturbine mit rotierendem Keramik-Wärmetauscher	Eisfeld 8803-11

Keramische Materialien, ihre Herstellung, Eigenschaften und mögliche Anwendungen im Motorenbau

von M. Steiner

Zusammenfassung

Dieser Vortrag gibt einen Überblick über gegenwärtige und zukünftige
Tendenzen in der Automobilkeramik. Zunächst werden keramische Werkstoffe und Bauteile diskutiert, die zur Wärmeisolation im adiabatischen Motor und im Abgastrakt eingesetzt werden können. Weiterhin
werden keramische Komponenten für die Reduzierung von Reibung und
Verschleiß und zur Gewichtsminderung vorgestellt, insbesondere wird
die Anwendung verschleißfester Keramik im schmierstoffreien "Ficht"-
Motor verdeutlicht. Schließlich werden gegenwärtige und zukünftige
Tendenzen für die Herstellung keramischer Turboladerrotoren sowie
deren zukünftige Marktsituation erörtert.

1.   Einleitende Bemerkungen

Um die Skepsis potentieller Anwender gegenüber neuen Werkstoffen zu
überwinden, sollten diese den klassischen Materialien zumindest in
Teilbereichen überlegen sein. Keramische Werkstoffe umfassen eine
Gruppe von Materialien mit physikalischen Eigenschaften, die in
bestimmten Anwendungsbereichen zu einer beträchtlichen Substitution
von Metallen führen könnte. Einige keramische Materialien, wie z.B.
Aluminiumtitanat, haben eine niedrige Wärmeleitfähigkeit und eine
gute Thermoschockbeständigkeit und sind somit für Wärmeisolationsan-
wendungen geeignet. Andere keramische Materialien, wie z.B. Siliciumnitrid, sind sehr hart, besitzen eine gute Hochtemperaturfestigkeit und eine gute Verschleißfestigkeit. Viele keramische Materiali-
en haben ein niedrigeres spezifisches Gewicht als Metalle, was zu
einer in vielen Anwendungsbereichen wichtigen Gewichtsreduzierung
von Bauteilen führt. Aber trotz ihrer herausragenden Eigenschaften
haben oxidische und nichtoxidische Hochleistungskeramiken nur begrenzte Anwendungen in Verbrennungsmotoren gefunden. Gemäß einer
Übersicht des Japaners Kamigaitos und anderer Autoren gehören über
85 % aller in japanischen Autos eingesetzten keramischen Werkstoffe
zum Bereich "Elektrokeramik", so z.B. in Substraten und Gehäusen für
mikroelektronische Schaltungen oder in piezokeramischen Bauteilen [1] . In Bild 1 ist ein Lautsprecher-Dämpfer für Personenkraft-
wagen mit keramischem Substrat und aufgedruckten Widerstands- und
Leiterbahnen dargestellt. Solche Aluminiumoxid-Substrate sind bei
der Konstruktion sog. Hybrid-Schaltungen von Bedeutung, wie sie für
die Herstellung von Bordcomputern (Bild 2) verwendet werden. Eine
Informationsquelle für den Kleinrechner ist der Tankgeber, der in
Bild 3 dargestellt ist. Solche Tankgeber sind mit keramischen Substraten mit aufgedruckten Widerständen ausgerüstet. Piezoelektrische
Materialien werden z.B. auch als Anitklopfsensoren eingesetzt, die
in Systemen für die automatische Zündzeitpunkteinstellung Anwendung

finden (Bild 4). In Sicherheitsgurtstraffern (Bild 5) wird Piezokeramik zur Verbesserung der Passagiersicherheit eingesetzt. Im Vergleich
zur "Elektrokeramik" befindet sich die sog. "Strukturkeramik" in der
Automobilindustrie noch im Experimentierstadium. Dieser Vortrag
beschäftigt sich mit der gegenwärtigen und zukünftigen Entwicklung
keramischer Bauteile im Verbrennungsmotor.

2.   Wärmeisolations-Keramik

2.1   Beweggründe

Ein konkretes Beispiel soll die Notwendigkeit einer besseren Wärmeisolation in Automobilmotoren verdeutlichen. Im Wärmehaushalt eines
Daimler-Benz M 110 E Ottomotors werden bei Nennleistung nur 30 % der
Kraftstoffenergie in direkten Fahrzeugantrieb umgesetzt (Bild 6).
Die Hauptenergieverluste sind auf den Wärmeübergang zum Kühlmedium (15 %) und zum Abgas (42 %) zurückzuführen. Arbeitet der Motor
bei geringerer Last, wird der Wirkungsgrad noch kleiner. Die Verluste durch Kühlung und Wärmeleitung werden größer, die Wärmeenergie
des Abgases wird fast auf die Hälfte reduziert. Mit Hilfe von Isola-
tionsmaßnahmen können die Energieverluste aufgrund von Wärmestrah-
lung und -leitung zum Kühlmedium reduziert werden. Hinzugewonnene
Abgasenergie führt bei Abgasnachbehandlung (Katalysator) zu einem
geringeren Schadstoffanstoß, bei entsprechender Abgasenergienutzung
(Turbolader) zu einem verbesserten Ladedruckaufbau [2] . Wärmeiso-
lierende Materialien sollten neben einer niedrigen Wärmeleitfähigkeit eine gute Thermoschockbeständigkeit bei entsprechender Korrosionsbeständigkeit besitzen. Diese Forderungen werden von ZrO_2 und
im besonderen von Al_2TiO_5 erfüllt.

2.2   Der adiabatische Motor

Der umfassendste Ansatz für eine Isolation ist die Keramisierung der
gesamten Brennkammer, man spricht in diesem Fall vom sog. "adiabatischen" Motor. Die Erwartungen hinsichtlich der Leistung adiaba-
tischer Motoren bewegen sich auf einem sehr hohen Niveau. 1985
publizierte der japanische Automobilhersteller Isuzu, daß ein keramischer Turbomotor einen gegenüber einem konventionellen Dieselmotor
um 30 % höheren Wirkungsgrad haben könnte. Jedoch haben computerge-
stützte Modellberechnungen für Turbomotoren mit keramischen Brennräumen gezeigt, daß im Falle von PKW-Dieselmotoren mit kleinem
Hubraum nur unwesentliche Verbesserungen des Wirkungsgrades und des
Verbrauchs zu erzielen sind [3] . Ford sprach von einer 60 %-igen
Reduzierung des Kraftstoffverbrauchs, die durch den Einsatz eines
keramischen adiabatischen Dieselmotors ermöglicht werden könnte,
falls der Motor keramikgerecht konstruiert ist. Aber diese und
andere positive Erwartungen konnten bis jetzt nicht experimentell
bestätigt werden. Es wurde im Gegenteil von mehreren Forschungs-
gruppen gezeigt, daß keramisch isolierte Brennkammern mit Nachteilen
verbunden sind. Theoretische Berechnungen ziehen in Betracht, daß
höhere Brennkammertemperaturen zu einem höheren Wirkungsgrad führen.

Experimentelle Untersuchungen von Prof. Woschni und anderen haben
gezeigt, daß Wandtemperaturen über 700° C den Wärmeübergang vom
Arbeitsgas zur Wand des Brennraumes vergrößern. Diese Energie geht
verloren und hat einen kleineren Wirkungsgrad und einen höheren
Kraftstoffverbrauch zur Folge [4] . Eine andere Forschungsgruppe
ermittelte einen niedrigeren Wirkungsgrad bei Verwendung einer
Brennkammer mit 80 %-iger Beschichtung durch ATI und ZrO_2 [5] . Der
einzige positive Effekt der Keramisierung des Brennraumes besteht
in einer leichten Reduzierung des Kühlaufwandes [6] . Diesen experi-
mentellen Ergebnissen widersprechen einige ermutigende praktische
Erfahrungen mit adiabatischen LKW-Dieselmotor-Prototypen vor allem
in USA [7] . Deshalb bleibt die Zukunft von adiabatischen Motoren
ziemlich ungewiß, steht aber immer noch im Brennpunkt weiterer For-
schungsarbeiten.

2.3 Der Portliner

Ein anderer Ansatz für die Verwendung von keramischen Materialien
mit niedriger Wärmeleitfähigkeit ist die Isolierung bestimmter
Motorsegmente, in denen hohe Wärmeverluste auftreten. Ein solches
Segment ist der Zylinderkopf-Auslaßkanal. Eine Auskleidung dieses
Kanals mit keramischen wärmeisolierenden Materialien sollte zu
einer technischen und ökonomischen Verbesserung der Motorleistung
führen. Die Lage der Auslaßkanal-Auskleidung, des sog. Portliners,
ist in Bild 7 dargestellt. Entwicklung, Design und Produktion des
Portliners waren Gegenstand einer engen Zusammenarbeit zwischen der
Hoechst CeramTec AG und der Porsche AG. Im Jahr 1985 wurden bei
Hoechst CeramTec hergestellte Portliner in die Serienfertigung des
Porsche 944-Turbomotors eingeführt. Der Überblick über die Entwick-
lungsgeschichte des Portliners soll beispielhaft darstellen, mit
welchen Problemen und Schwierigkeiten sich Konstrukteure, Keramik-
hersteller und Motorbauer befassen müssen.

Das erste in der Entstehungsgeschichte des Portliners zu lösende
Problem war die Entwicklung und Optimierung von keramischen Materialien bzgl. des funktionellen Anforderungsprofils. In Bild 8 sind
die wesentlichen physikalischen Eigenschaften von Aluminiumtitanat
(ATI) und Zirkonoxid (ZrO_2) aufgelistet. Zur Herstellung von Zylin-
derköpfen mit keramischen Portlinern wird die Keramik mit Aluminium
oder Grauguß umgossen. Die physikalischen Eigenschaften dieser
Materialien sind deshalb als Referenzdaten mit aufgeführt. Aluminiumtitanat besitzt ein niedriges spezifisches Gewicht, das im
Bereich von Aluminium liegt und viel niedriger als das von ZrO_2
ist. Im Hinblick auf eine Gewichtsreduzierung ist also ATI dem ZrO_2
vorzuziehen. ATI besitzt auch einen sehr niedrigen Wärmeausdehnungs-
koeffizienten, der in etwa zehnmal niedriger als der von ZrO_2 ist.
Dieser niedrige Ausdehnungskoeffizient ist für das gute Thermo-
schockverhalten von ATI verantwortlich und wird durch ein aniso-
tropes Ausdehnungsverhalten verursacht. In einer kristallographi-
schen Richtung ist der Ausdehnungskoeffizient negativ, was zu einer
beträchtlichen Zugspannung im Gefüge während der Abkühlung nach dem
Brennen führt. Beim Überschreiten einer kritischen Zugspannung
entsteht ein Mikrorißsystem im Gefüge. Wird ein ATI-Bauteil erhitzt,
so wird die Ausdehnung des Materials durch das beim Abkühlen ent-
standene Mikrorißsystem kompensiert, was in einem bestimmten Tempe-

raturbereich eine nur sehr kleine Ausdehnung zur Folge hat. Das
Mikrorißsystem ist auch für den sehr niedrigen E-Modul verantwortlich, der ein pseudo-elastisches Verhalten von ATI bewirkt. Aufgrund
dieses Verhaltens ist es möglich, ATI-Bauteile mit Metallen zu
umgießen, während ZrO_2-Bauteile den durch die Erstarrung der Metalle
verursachten Spannungen nicht widerstehen. Eine nachteilige Eigenschaft von ATI ist seine niedrige Biege- und Zugfestigkeit. Aufgrund
seiner niedrigen Festigkeit, die ebenfalls auf die Mikrorisse zurückzuführen ist, kann ATI allein nicht als Konstruktionsmaterial
eingesetzt werden. Es ist eine Kombination mit anderen Materialien
notwendig, die eine bessere mechanische Festigkeit des Verbund-Bau-
teils garantiert. Die für Portliner-Materialien wichtigste Eigenschaft ist eine niedrige Wärmeleitfähigkeit. ATI und ZrO_2 besitzen
eine sehr geringe Wärmeleitfähigkeit, die im Bereich zwischen 2 und
2,5 W/mK liegt, d.h. 20 - 30-mal niedriger als bei Eisen und 100-mal
niedriger als bei Aluminium. Bild 9 zeigt den Wärmefluß durch eine
keramische Schicht bzw. die entsprechende Isolationswirkung als
Funktion der Wandstärke. Bei einer Wandstärke von 3 mm, wie sie
aufgrund des Herstellungsprozesses üblich ist, wird der Wärmefluß
in das Kühlmedium bereits um ca. 60 % reduziert.

Unter Berücksichtigung aller diskutierten Materialeigenschaften
wurde ATI als Konstruktionsmaterial für die Entwicklung des keramischen Portliners ausgewählt. Das Original-Design des Porsche 944-
Turbomotors beinhaltet keine Portliner. Deswegen war es notwendig,
das Portliner-Design an die Zylinderkopfgeometrie des Ursprungs-
designs anzupassen und zwar unter Berücksichtigung der Ventilgröße
und der strömungsmechanischen Gegebenheiten. Das Design, das all
diese Anforderungen erfüllt, ist im Bild 10 dargestellt. Wie zuvor
erwähnt, kann ATI allein nicht als Konstruktionsmaterial eingesetzt
werden. Es ist eine Kombination mit einem Stützmaterial notwendig.
Diese wurde durch Umgießen der Keramik mit Aluminium oder Grauguß
erreicht. Das Umgießen eines keramischen Portliners mit einem Design
wie in Bild 10 würde aufgrund des Schwindungsprozesses während der
Erstarrung der Metalle hohe Biege- und Zugspannungen erzeugen. Das
Bauteil würde dabei zerstört werden. Es ergab sich deshalb die
Notwendigkeit, einen Portliner zu konstruieren, der nur Druckspan-
nungen ausgesetzt ist. Ein entsprechendes Design, das nicht vollständig in Bezug auf strömungsmechanische Anforderungen und die
Zylinderkopfgeometrie optimiert ist, ist in Bild 11 dargestellt.
Der wesentliche Gesichtspunkt dieses Designs ist die konkave Form
aller Krümmungen. Portliner mit einem Design gemäß Bild 11 sind
für den Gießprozeß geeignet. Für die Serienproduktion des Porsche
944-Turbomotors wurde dieses Design nur geringfügig in einigen
Einzelheiten verändert. Bevor der Serienproduktions-Standard erreicht wurde, wurden die Portliner mehreren erfolgreichen Zuverläs-
sigkeitstests unterzogen.

Eine Menge weiterer Probleme waren zu lösen. Zum Beispiel müssen in
der Produktion sehr enge Maßtoleranzen eingehalten werden. Wie bei
vielen anderen Prozessen mit einer Vielzahl von Verfahrensschritten
resultieren Änderungen der Verfahrensparameter in maßlichen Abwei-
chungen. Fast alle keramischen Materialien unterliegen Schwindungs-
prozessen während des Brennens. So war beispielsweise die Optimierung des Brennprozesses Voraussetzung für das Einhalten einer geeigneten Schwindung. Die Rohstoffe spielen ebenfalls eine wesentliche

Rolle für eine maßgenaue Produktion. Eine strenge, spezifizierte
Kontrolle der Ausgangsmaterialien ist deshalb von großer Bedeutung.
Die meisten Verfahrensschritte mußten weitgehend automatisiert
werden.

Was sind nun die technischen Vorteile des keramischen Portliners?
Zur Beantwortung dieser Frage sind Kenntnisse über den Einfluß des
Portliners auf den Energiefluß im Motor notwendig. Zunächst bewirkt
der Portliner keine Änderung des Kraftstoffverbrauchs und der effek-
tiven Leistung, da der Verbrennungsprozeß nicht beeinflußt wird. Es
findet jedoch eine Umverteilung der Energieströme zwischen Kühlsystem und Abgas statt. Im Porsche 944-Motor wird der Wärmefluß vom
Zylinderauslaß zum Kühlsystem durch keramische Portliner von ungefähr 3 mm Wandstärke um bis zu 7 KW reduziert. Dies ermöglicht eine
Verringerung des Kühlaufwandes um 13 % und damit eine Gewichtsreduzierung des gesamten Kühlsystems [2]. Die Energie des Abgases
erhöht sich bei Vollast um 8 KW und führt im Vergleich zum Motor
ohne Portliner zu einer Steigerung der Abgasenergie um ca. 3 % [2].
Dies ist besonders in einem Motor mit Turbolader von Vorteil. In
Bild 12 wird ersichtlich, daß die Abgastemperatur des Porsche 944-
Turbomotors mit Portliner bei Vollast um mehr als 30° C erhöht wird.
Erhöhte Abgastemperaturen beeinflussen auch das Ansprechverhalten
des Abgaskatalysators. Die Aktivität des Katalysators ist temperatur-
abhängig. Erst wenn eine bestimmte Temperaturschwelle erreicht wird,
arbeitet der Katalysator mit 100 %-iger Wirkung. Deshalb ist für
eine Reduzierung des Schadstoffgehaltes, insbesondere in der Kalt-
startphase, das schnellstmögliche Überschreiten dieser Temperaturschwelle von wesentlicher Bedeutung. Durch die Verwendung der Portliner wurde der Kohlenwasserstoffgehalt des Abgases um ca. 16 %, der
CO- und NO_x-Gehalt um ca. 10 % verringert. Da in Dieselmotoren
ebenfalls Abgase mit niedrigen Temperaturen entstehen, wären Portliner auch in Diesel-PKW, -LKW und Traktoren einsetzbar, insbesondere
in Motoren mit Turboaufladung.

Diese Vorteile des Portliners müssen im Zusammenhang mit höhren
Kosten für den Zylinderkopf beurteilt werden. Die Einführung in die
Serienproduktion kann durch Großserien-Produktions-Anlagen, die
bereits hohe Stückzahlen garantieren, beschleunigt werden. Eine
grundsätzliche, problemorientierte Nutzen/Kosten-Analyse ist jedoch
immer notwendig.

2.4 Weitere Anwendungen von Wärmeisolations-Keramik

Ein weiterer interessanter Gesichtspunkt ist die Abschirmung des
Kolbens mit keramischen Einsätzen oder keramischer Beschichtungen.
Verschiedene Materialien wie ATI, ZrO_2, Si_3N_4 und sogar SiC befinden
sich im Einsatztest. In der Literatur [1, 5, 8, 9] wird von unterschiedlichsten Ergebnissen berichtet. Momentan kann noch nicht
entschieden werden, inwieweit sich die Abschirmung des Kolbens
vorteilhaft auf die Motorleistung auswirkt.

3. Hochtemperaturbeständige Keramiken

3.1 Keramische Vorbrennkammern

Bei Dieselmotoren unterscheidet man je nach der Aufbereitung des
Kraftstoff-/Luftgemisches zwischen zwei Verbrennungsprinzipien. Beim
Wirbelkammerprinzip wird der Kraftstoff vor der Zündung erhitzt und
verdampft. Der Verbrennungsprozeß schreitet von der Kammer fort und
verursacht ein Temperaturmaximum im Randbereich des Brennraumes. Die
Hochtemperaturbeständigkeit von Wirbelkammern aus Superlegierungen ist für den Einsatz in Motoren mit höherer Leistung nicht ausreichend, weshalb sich eine Substitution durch keramische Kammern
anbietet. Mindestens drei japanische Automobilproduzenten setzen
keramische Wirbelkammern kommerziell ein [1] . Mazda und Isuzu
rüsten bereits PKl's damit aus, während Toyota den Einsatz vollkerami-
scher Kammern bis Ende 1986 plante [1] . Keramische Wirbelkammern
erzeugen einen höheren Ladedruck für den Turbolader, steigern die
Leistung und das Drehmoment und mindern den Geräuschpegel im Leer-
lauf. Da sich die Schadstoffemission verringert, kann evtl. auf
elektronische Einspritzsysteme und Rußfilter verzichtet werden. Beim
sog. Vorbrennkammer-Prinzip wird der Kraftstoff auf einen Prallstift
gespritzt, der eine feinere Verteilung des Kraftstoffs bewirkt.
Während der Verbrennung steigt die Temperatur auf 1000° C, Arbeitsbe-
dingungen, die nur durch die Verwendung teurer metallischer oder
aber keramischer Materialien mit guter Hochtemperaturfestigkeit und
Thermoschockbeständigkeit realisierbar sind. Bild 13 zeigt eine
HIPRBSN-Vorkammer, die von Hoechst CeramTec für Daimler-Benz als
Versuchsträger hergestellt wurde. Die Festigkeit metallischer Superlegierungen verringert sich im Temperaturbereich oberhalb von 800°
C, während HIPRBSN noch bei 1000° C eine ausreichende Festigkeit
aufweist. In Bild 14 sind die an 4-Punkt-Biegeproben und an C-Ring-
Proben ermittelten Materialfestigkeiten für HIPRBSN aufgelistet. Die
C-Ring-Proben wurden zum einen aus Vorkammern und Ventilführungen im
gebrannten, unbehandelten Zustand entnommen, zum anderen aus Vor-
kammern, die 60 h bei 1200° C unter oxidierender Atmosphäre geglüht
wurden. Ein Vergleich der Festigkeitswerte zeigt einen nur geringen
Festigkeitsabfall bei den geglühten Proben, ein Beweis für die hohe
Widerstandsfähigkeit von HIPRBSN.

4. Keramische Komponenten für die Reibungs- und Verschleißminde-
rung

Eine weitere vorteilhafte Eigenschaft von Siliciumnitrid ist seine
gute Verschleißfestigkeit, die in seiner hohen Härte und seinem
niedrigen spezifischen Gewicht begründet liegt. Andere Materialien
haben kein vergleichbar breites Spektrum an günstigen Eigenschaften.
Deshalb ist besonders HIPRBSN ein vielversprechendes Material für
die Gewichtsreduzierung von verschleiß- und reibungsbeanspruchten
und von oszillierenden Motorteilen.

4.1 Keramik im Ventilbereich

Ventilführungen gehören zu den meist verschleißbeanspruchten Komponenten des Verbrennungsmotors und müssen eine gute Korrosionsbeständigkeit sowie gute Gleiteigenschaften besitzen. Als erstes keramisches Material für Ventilführungen wurde teilstabilisiertes Zirkonoxid (PSZ) getestet. Entsprechende Ventilführungen wurden in einen Grauguß-Motorblock eingeschrumpft. In Motortests, in denen chrombeschichtete Stahlventile als Reibpartner vorlagen, wurden nur sehr geringe Verschleißraten ermittelt [10] . Ein serienmäßiger Einsatz ist jedoch nicht bekannt. Gegenwärtig befinden sich Si_3N_4-Ventilführungen in der Testphase. In Bild 15 ist eine Ventilführung aus HIPRBSN dargestellt. Siliciumnitrid-Keramiken, HIPRBSN oder SSN, sind vielversprechende Materialien für dieses Einsatzgebiet und zeigen ermutigende Ergebnisse auf dem Teststand und im Motor. Die Entwicklung von keramischen Nockeneinsätzen und Zylinderkopfsegmenten ist noch im Versuchsstadium.

4.2 Keramik im ungeschmierten Motor

Keramik wird auch im ungeschmierten Motor eingesetzt, z.B. in einem 2-Takt-Motor mit 20 KW-Leistung, der von der Ficht GmbH in Zusammenarbeit mit der Hoechst CeramTec AG entwickelt wurde. Bild 16 zeigt diesen Motor, in dem eine Schmierung des Kolbens mit Öl nicht notwendig ist. Der Brennraum und die Vorverdichtungsräume sind vom Kurbelwellengehäuse abgetrennt, indem die Kolbenstange durch eine Gleitlagerdichtung geführt wird. In diesem 2-Takt-Motor bestehen viele Bauteile aus keramischen Materialien. Es war möglich, Siliciumcarbid (SiSiC) für den kompletten Kolben, die Zylinderlaufbuchse und Teile im Kurbelwellenbereich einzusetzen. Der generelle Vorteil des Ficht-Motors besteht in einer Verringerung der Umweltbelastung aufgrund seines niedrigen Geräuschpegels und der Vermeidung der Brennkammer-Schmierung. An Kolben, Zylinder und anderen keramischen Komponenten wurde nahezu kein Verschleiß festgestellt. Der Motor besitzt ein hohes Leistungsgewicht und erfordert im Vergleich zu einer herkömmlichen Maschine üblichen Typs einen geringen Platzbedarf. Verminderte Reibungsverluste und eine beträchtliche Gewichtsreduzierung durch die Verwendung keramischer Materialien resultieren in einer Verbesserung des Wirkungsgrades und damit einer Verringerung des Kraftstoffverbrauchs. Der Einsatz von Keramik bewirkt außerdem eine höhere Zuverlässigkeit und Lebensdauer des Motors. Weitere Vorteile sind ein gutes Kaltstartverhalten und niedrigere Produktionskosten durch die im Vergleich zum konventionellen 2-Takt-Motor niedrigere Zahl an Bauteilen.

5. Keramik zur Gewichtsreduzierung

Bild 17 zeigt neben dem schon erwähnten Portliner weitere mögliche keramische Bauteile wie einen mit Keramik beschichteten Kolben, beschichtete Ventile, ein Zylinder-Auskleidungssegment, keramische Ventilsitzringe, Ventilfederteller und einen keramischen Kolbenbolzen. Die beiden letzteren Komponenten werden, ebenso wie vollkeramische Ventile oder Turboladerrotoren, im wesentlichen aus Gründen der Gewichtseinsparung diskutiert. Am Beispiel des Turboladers und des Ventils sollen die Vorteile der Keramik im Folgenden näher erläutert werden.

5.1 Der Turboladerrotor

Turbolader dienen zur Erzeugung zusätzlicher Leistung durch Nutzung der Abgasenergie. Bis jetzt setzt nur ein japanischer Automobilhersteller, nämlich NISSAN, serienmäßig Turbolader mit keramischem Rotor ein. Dieser in das Modell Fairlady Z eingebaute Rotor aus Siliciumnitrid ist ein Kompromiß zwischen Bauteil-Zuverlässigkeit und Herstellungskosten. Für die im japanischen Verkehr üblichen Fahrzyklen ist die Zuverlässigkeit und Lebensdauer des Rotors ausreichend.

Speziell in Europa aber sind diese Anforderungen in Bezug auf die Zuverlässigkeit keramischer Rotoren aufgrund des vollkommen anders gearteten Fahrverhaltens wesentlich höher. Eine werkstoff- und konstruktionsorientierte Optimierung des NISSAN-Rotors für europäische Verhältnisse wäre deshalb notwendig. Ein wesentlicher Nachteil von turboaufgeladenen Motoren ist das träge Ansprechen im instationären Zustand. Man spricht vom sog. Turboloch beim Beschleunigen aus niedrigen Motordrehzahlen. Eine Verbesserung dieses Ansprechverhaltens kann durch die Reduzierung des Gewichts und der daraus resultierenden Verringerung der Massenträgheit des Rotors erreicht werden. Hier bietet sich wieder der Einsatz keramischer Materialien mit niedrigerem spezifischen Gewicht an. Bild 18 zeigt den Vergleich des Ansprechverhaltens eines metallischen Rotors mit einem keramischen Rotor gleicher Bauart. Der keramische Rotor erreicht im Vergleich zum metallischen Rotor etwa 60 % der Nenndrehzahl in der halben Zeit. Wie an vorangegangener Stelle erwähnt, bewirkt die Isolierung des Motors mit keramischen Komponenten eine Erhöhung der Abgastemperatur. Die Festigkeit der für konventionelle Turboladerrotoren verwendeten Superlegierungen fällt im Temperaturbereich oberhalb von 1000° C sehr schnell ab. In diesem Temperaturbereich weisen gerade Si_3N_4-Keramiken eine noch zufriedenstellende Festigkeit auf. Dies ist ein weiterer, sehr wichtiger Grund für die Substitution des metallischen durch einen Keramikrotor in Motoren mit höheren Abgastemperaturen. Ein Turboladerrotor für Versuchszwecke, der bei der Hoechst CeramTec aus HIPRBSN hergestellt wurde, ist in Bild 19 dargestellt.

5.2 Keramische Ventile

Keramische Ventile sind im Hinblick auf eine mögliche Gewichtsreduzierung von besonderem Interesse. Durch ihren Einsatz ist es möglich, um 30 % weichere Ventilfedern zu verwenden. Dies ermöglicht den Einbau einer Nockenwelle mit schmaleren Nocken und damit eine beträchtliche Gewichtsreduzierung, was wiederum zu einer Verringerung der Reibungsverluste führt, wodurch eine Reduzierung des Kühlaufwandes ermöglicht wird. Durch diese Maßnahmen kann z.B. die Umdrehungszahl des Motors von 6000 auf 7000 min^{-1} erhöht werden,

was eine Steigerung der Motorleistung zur Folge hat. Ventilfederteller dienen zur Übertragung der Federkraft auf das Ventil. Keramische Ventilfederteller bieten gegenüber metallischen den schon
mehrmals erwähnten Vorteil eines niedrigen spezifischen Gewichts.

6.   Beurteilung des zukünftigen Marktes für Motorbauteile aus Keramik

6.1 Allgemeine Bemerkungen

Bezüglich der zukünftigen Kosten-, Nachfrage- und Marktentwicklung
für Hochleistungskeramik existieren stark unterschiedliche Einschät-'
zungen, die vom jeweiligen ökonomischen Umfeld der Prognose abhän-
gen. Eine Vorhersage für keramische Bauteile in Motoren geht von
einem Marktpotential von 1 Milliarde Dollar im Jahr 1990 mit
einer jährlichen Wachstumsrate von 40 % aus [11]. Für den gleichen
Zeitraum sieht eine Marktprognose der Charles River Associates die
Ausrüstung von 21,5 % aller amerikanischen Wagen mit keramischen
Komponenten voraus. Prof. Bowen (MIT) geht davon aus, daß bis zum
Ende dieses Jahrhunderts 50 Pfund keramischer Bauteile im Motor
jedes PKW eingebaut sein werden, was einem jährlichen Marktpotential
von 15 Milliarden Dollar entspräche [11]. Es existieren jedoch auch
weniger optimistische Prognosen. In Bild 20 ist ein Vergleich mehre-
rer Vorhersagen über den japanischen Markt für Automobilkeramik
dargestellt. Eine Studie der JFCA (Japanese Fine Ceramics Associa-
tion), deren Werte in dieser Darstellung auf 100 % normiert sind,
geht davon aus, daß das Marktvoulmen für technische Keramik in
Japan von 800 Millionen Dollar im Jahr 1990 auf 2 Milliarden Dollar
im Jahr 1995 wächst. Die optimistischere Variante einer konservati-
ven Studie bewegt sich bei nur 20 - 25 % des von der JFCA vorherge-
sagten Marktpotentials, während die pessimisitischere Prognose
dieser Studie von nur 4 - 5 % des von der JFCA prognostizierten
Marktpotentials ausgeht. Aufgrund mangelnder Kenntnis der ökonomischen Vorbedingungen und der technischen Entwicklung, die großen
Einfluß auf die prognostizierten Daten haben, ist es sehr schwierig,
eine richtige Interpretation zu treffen. Auch eine äußerst gründlich
erarbeitete allgemeine Prognose birgt bzgl. der ökonomischen Parameter des Wettbewerbs mit anderen Materialien und der Änderungen des
Anforderungsprofils eine beträchtliches Maß an Unsicherheit in
sich. Es ist deshalb wesentlich sinnvoller, Marktprognosen auf
bestimmte Keramikbauteile zu beschränken und diese als eine Art
Modell für alle anderen keramischen Bauteile des Verbrennungsmotors
zu verwenden. Auf diese Weise kann die Zahl der Unsicherheitsfakto-
ren verringert werden. Die folgende Diskussion behandelt deshalb
beispielhaft die Prognose für Kosten, Bedarf und Markt des keramischen Turboladerrotors.

6.2 Marktprognose für den keramischen Turboladerrotor

Vorteile des keramischen Turboladerrotors sind sein geringes Gewicht
und seine gute Hochtemperaturfestigkeit. Ferner ist unter bestimmten
Voraussetzungen eine Kostenreduzierung gegenüber dem metallischen
Rotor zu erwarten [12]. Trotz der bewiesenen technischen Vorteile
werden keramische Turboladerrotoren zum gegenwärtigen Zeitpunkt nur
von einem Hersteller in größerem kommerziellen Rahmen produziert und
verkauft. Die genaue Studie einer Forschungsgruppe des MIT beschäftigt sich mit den Faktoren, die eine Einführung des keramischen
Rotors in den Markt positiv oder negativ beeinflussen [12]. Das
Produktionskostenmodell für den keramischen Turboladerrotor basiert
auf dem Spritzgießen als Formgebungsprozeß. Diese Formgebungsmethode
erfordert den Einsatz teurer Werkzeuge und ein sich an das Sintern
anschließendes heißisostatisches Pressen zur Verbesserung bestimmter
Materialeigenschaften. Die extrem langen, zur Entfernung der organischen Bindemittel notwendigen Zeiten und die Endbearbeitung sind ein
wesentlicher Kostenfaktor. Die Kostenanalyse bezieht sich auf einen
Rotor mit einem Endgewicht von 60 g und einer Enddichte von 3,2
g/cm^3. Bild 21 verdeutlicht die Abhängigkeit des Stückpreises von
der Gesamtausbeute. Die Studie geht davon aus, daß die Ausbeuten
beim gegenwärtigen Produktionsstandard bei etwa 10 % liegen würden.
Eine Steigerung der Ausbeute von ungefähr 35 % (Stückpreis 140
Dollar) auf 70 % reduziert die Kosten auf ein Zehntel (Stückpreis 14
Dollar). Die Kosten werden vor allem durch die Produktionsschritte
Binderentfernung, Sintern, heißisostatisches Nachverdichten und
Endbearbeitung beeinflußt. Verbesserte Ausbeuten und Kostenreduzie-
rung vor allem der letzten Verfahrensschritte sind notwendig, weil
der Wert des Bauteils in der Produktionsfolge von Schritt zu Schritt
steigt. Weiterhin ist eine Erhöhung der Stückzahl von Nöten. Dieses
Ziel kann durch Automatisierung und Optimierung der verschiedenen
Produktionsschritte erreicht werden, indem die Ausbeute durch Vermeidung individueller Fehler gesteigert wird. Ein weiterer wichtiger
Aspekt für die Erhöhung der Produktionszahlen ist das Vorhandensein
zerstörungsfreier Prüfmethoden, die auf einem vernünftigen Kostenniveau und innerhalb eines dem Produktionstakt angepaßten Zeitrahmens
arbeiten. Es existiert eine Abhängigkeit der Ausbeute von den Produktionszahlen. Zum Beispiel liegt das Ausbeutelimit bei einem Produk-
tionsrahmen von weniger als 10.000 Stück/Jahr bei 50 %, während bei
einem Volumen von mehr als 20.000 Stück/Jahr eine Ausbeute von 90 %
erreicht werden muß. Die Wettbewerbsfähigkeit keramischer Rotoren
ist in der Studie bei einer Gesamtausbeute von 70 % gegeben, dies
entspricht einer Jahresstückzahl von 100.000. Beim gegenwärtigen
Stand der Technologie können keramische Rotoren noch nicht mit der
geforderten Zuverlässigkeit auf einem vernünftigen Kostenniveau
hergestellt werden.

Ein anderes Problem ist die Entwicklung geeigneter Verbindungsmetho-
den zwischen keramischem Rotor und metallischer Welle. Neben den
Kosten spielen die vorteilhaften Eigenschaften des keramischen
Rotors im Vergleich zum metallischen eine wesentliche Rolle bei der
Verbesserung der Wettbewerbssituation.

Das Anforderungsprofil der Turboladerrotors hängt dabei von der
Fahrweise ab, die sich in den USA, Europa und Japan unterscheidet.
Auch beim Dieselmotor bietet sich aus den schon für den Ottomotor
genannten Gründen die Turboaufladung als leistungssteigernde Maßnah-
me an. Deswegen bietet der Dieselmotor ebenfalls gute Marktchancen
für keramische Turboladerrotoren.

Obwohl einige Turboladerhersteller den Einsatz keramischer Rotoren
planen, ist damit nicht vor 1990 zu rechnen. Die Möglichkeit für
eine Großserienproduktion ist zum gegenwärtigen Zeitpunkt nicht
gegeben. Bild 22 zeigt die zukünftige Marktentwicklung für Turbolader. Am Anfang wird der Markt für Keramikrotoren auf eine Jahresstückzahl von 10.000 begrenzt sein. Zwischen 1990 und 1995 wird der
Marktanteil keramischer Rotoren deutlich ansteigen und im Jahr 2000
die 50 %-Marke erreichen [12] .

Im Gegensatz dazu gehen andere Marktprognosen von einem Marktvolumen
von 200 Millionen Dollar im Jahr 1995 aus [13], was gegenwärtig
sehr unwahrscheinlich erscheint. Allgemein wird die zunehmende
Ausrüstung von PKW mit Turboladern die Einführung von Keramikrotoren
begünstigen. Die Tatsache, die einen erweiterten Einsatz keramischer
Turboladerrotoren verhindert, liegt darin begründet, daß die Automobilhersteller von einer Anwendung in der Großserie absehen, bis sie
von der Zuverlässigkeit und Leistung des Keramikrotors, einhergehend
mit einem vernünftigen Kostenniveau überzeugt sind. Ein klarer
Beweis der Leistungsfähigkeit von Siliciumnitrid im Turbolader ist
notwendig, um die Zweifel der Automobilindustrie zu beseitigen.

7.   Abschließende Bemerkungen

Trotz der Skepsis bezüglich des Einsatzes keramischer Materialien
im Motor ist es wahrscheinlich, daß wesentliche Teile des Motors in
Zukunft aus Keramik gefertigt werden. Jedoch sind die Verbesserung
der Zuverlässigkeit, eine geeignetes Keramik-Design und die Reduzierung der Herstellungskosten eine notwendige Voraussetzung hierfür.

8.   Literatur

1.   O. Kamigaitos: Material Science Monographs: High Tech Ceramics,
      ed. by P. Vincencini; Elsevier 1987, p. 2489

2.   M. Körkemeyer: Erfahrungen mit Portlinern im Otto-Motor; Materi-
      alien zur Tagung Nr. 30-313-056-7, Haus der Technik e.V., Essen

3.   C. Klarhoefer: Rechnerische Untersuchung von Ceonground-Anord-
      nungen bei einem wärmegedämmten PKW-Dieselmotor; Materialien zur
      Tagung Nr. T-30-313-056-7, Haus der Technik e.V., Essen

4.   G. Woschni: Der Einfluß von Isoliermaßnahmen auf die Prozeß-
      größen bei Dieselmotoren; Materialien zur Tagung
      Nr. T-30-313-056-7, Haus der Technik e.V., Essen

5. M. Heinrich, M. Langer und J.E. Siebels: Ceramic Materials
    and Components for Engines; ed. by W. Bunk; Verlag Deutsche
    Keramische Gesellschaft, Bad Honnef, p. 1155

6. N. Zernig: Brennraumisolation von Dieselmotoren durch den
    Einsatz keramischer Werkstoffe; Materialien zur Tagung
    Nr. T-30-313-056-7, Haus der Technik e.V., Essen

7. J.W. Fairbanks: Candidate Advanced Technology for the Low
    Heat Rejection Diesel Engine Concept. DOE Report 1988

8. S. Mielke und W. Sandner: Keramische Komponenten zur Verrin-
    gerung des Kühlungsbedarfs von Kolben; Materialien zur Tagung
    Nr. T-30-313-056-7, Haus der Technik e.V., Essen

9. M. Böder, W. Heider und P. Greiner: Ceramic Materials and
    Components for Engines; ed. by W. Bunk; Verlag Deutsche
    Keramische Gesellschaft, Bad Honnef, p. 1173

10. D. Fingerle, W. Gundel und M. Olapinski: Ceramic Materials
    and Components for Engines; ed. by W. Bunk; Verlag Deutsche
    Keramische Gesellschaft, Bad Honnef, p. 1191

11. U. Colombo und G. Lanzavecchia: Material Science monographs:
    High Tech Ceramics, ed. by P. Vincencini, Elsevier 1987; p. 3

12. E.P. Rothman, J.P. Clark und M.K. Bowen: Int. J. High Techn. 3
    (1987) 63

13. L.R. Johnson; A.P.S. Teotia und L.G. Hill: Structural Ceramics
    Research Program: A Preliminary Economic Analysis, Center for
    Transportation, Research Report No. ANL/CNSV-38, Argonne
    National Laboratory, March 1983.

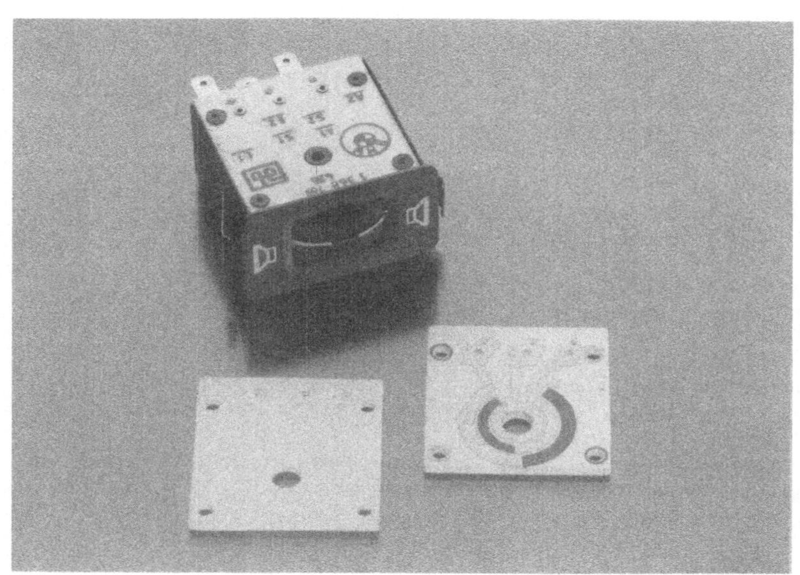

Bild 1: Lautsprecher-Dämpfer mit keramischem Substrat und
aufgedruckten Widerstands- und Leiterbahnen

Bild 2: Bordcomputer mit Hybridschaltungen auf
Aluminiumoxid-Substrat

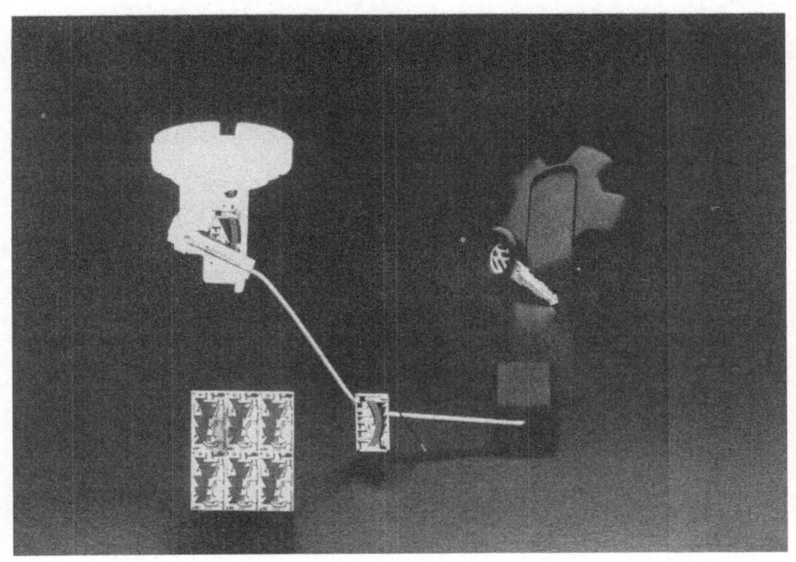

Bild 3: Tankgeber mit keramischem Substrat und aufgedruckten
         Widerständen

Bild 4: Piezoelektrische Antiklopfsensoren

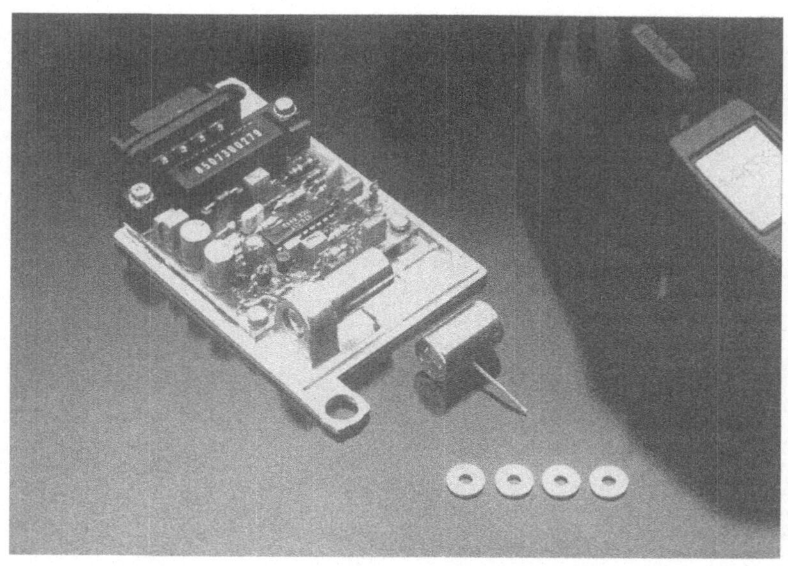

Bild 5: Sicherheitsgurtstraffer mit piezokeramischen Sensoren

**Hoechst
CeramTec**

Heat Balance of a Lifting Piston Engine

E.g.: 6-cylinder Otto engine M 110 E Daimler-Benz

	Rated power	10%-Rated power (pe = 2 bar at 2500 min^{-1})
Fuel energy	100% = 450 kW	100% = 62 kW
Cooling water	15% = 67,5 kW	28% = 17,5 kW
Lubricant	5% = 22,5 kW	8% = 5,5 kW
Exhaust gas	42% = 189 kW	22% = 13,5 kW
Mechanical losses + Auxiliary units + Heat emission + Heat convection	8% = 36 kW	25% = 15,5 kW
Effective energy	30% = 135 kW	16% = 10 kW

Bild 6: Wärmehaushalt eines Daimler-Benz M 110 E-Ottomotors

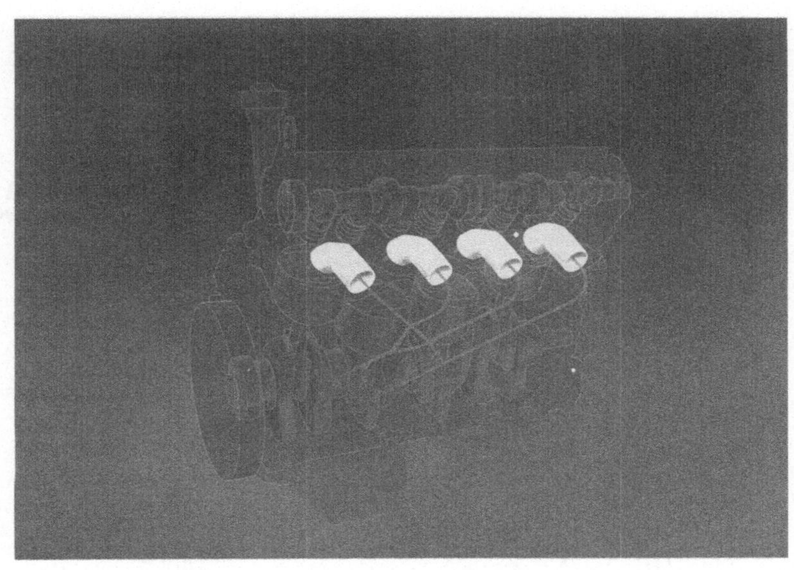

Bild 7: Positionierung des Portliners im Zylinderkopf eines
Hubkolbenmotors

		Al_2TiO_5	Zirconia	Cast Iron	Aluminum
Density	(g/cm^3)	3,15	5,8	7,25	2,7
Young's modulus	(GPa)	15	200	120	70
Heat conductivity	(W/mK)	2	2,5	58	220
Coefficient of Expansion	$(1/K \cdot 10^6)$	1	10	10,5	23,8
Bending strength	(MPa)	30	500	250 – 600	100 – 600*

*Tensile strength

Bild 8: Physikalische Eigenschaften von Al_2TiO_5, ZrO_2,
Grauguß und Aluminium

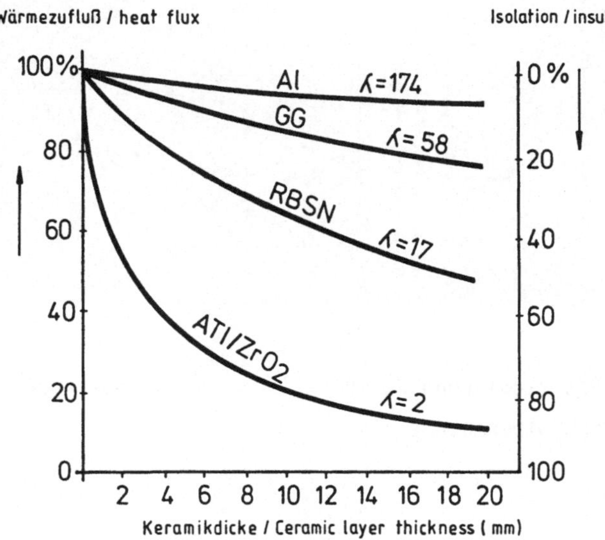

Bild 9: Wärmefluß bzw. Isolation in Abhängigkeit von der Wandstärke verschiedener Materialien

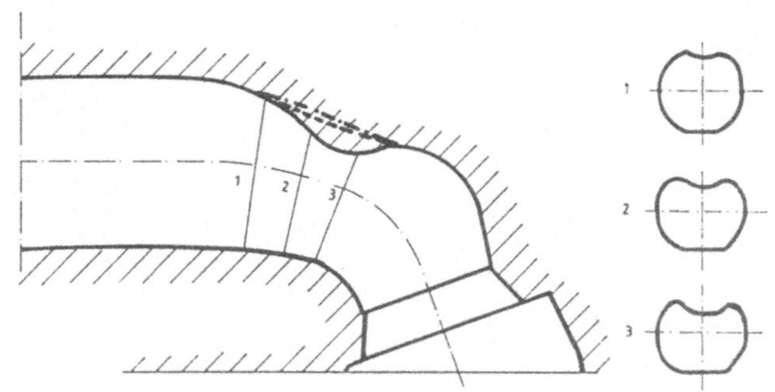

Bild 10: Portliner-Design, angepaßt an die ursprüngliche
Zylinderkopfgeometrie des Porsche 944-Turbomotors

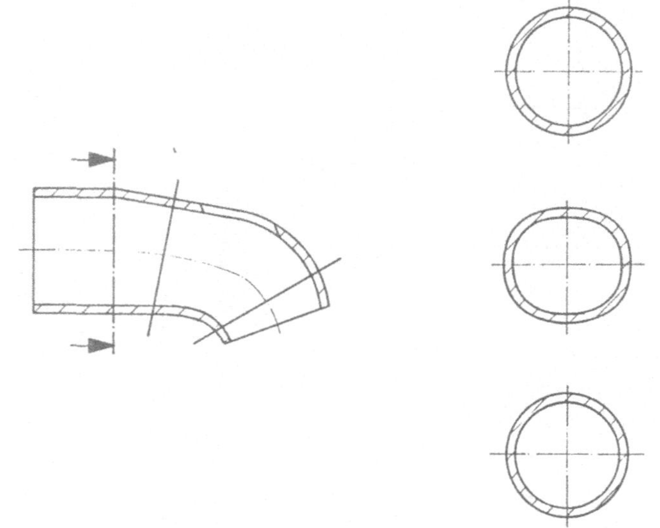

Bild 11: Für das Eingießen in Metall optimierte Portliner-
geometrie

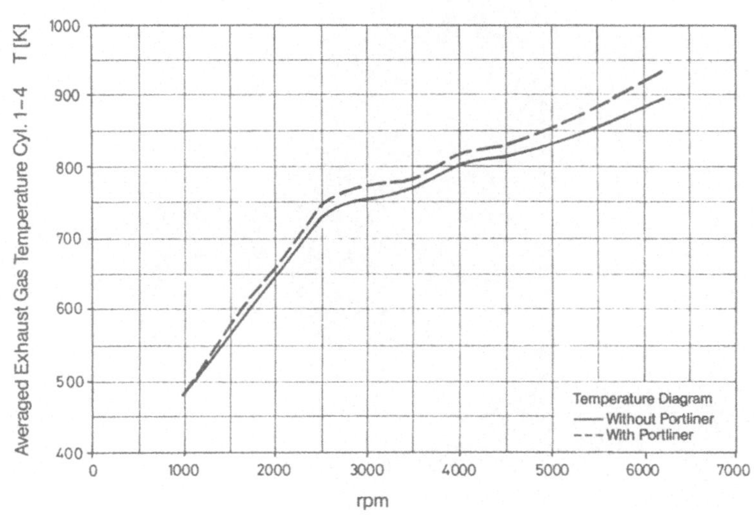

Bild 12: Abgastemperatur des Porsche 944-Turbomotors
mit und ohne Portliner

Bild 13: HIPRBSN-Vorkammer

test procedure / property	4-point bending, 30 mm outer span 10 mm inner span samples diamond ground	c-ring test, samples cut from precombustion chambers, surface as fired	c-ring test, samples cut from precombustion chambers, oxidized 1200°C/60 hrs.	c-ring test, samples cut from valve guides, surface as fired
fracture strength, MPa	830	660	650	730
Weibull modulus	10	10	9	9
Young's modulus, GPa	310	292	290	266
density, g/cm^3	3,26	3,26	3,26	3,26
% of theoretical density	99.7	99.7	99.7	99.7
β-content, %	100	100	100	100

Bild 14: Festigkeiten unterschiedlicher HIPRBSN-Proben

Bild 15: HIPRBSN-Ventilführungen

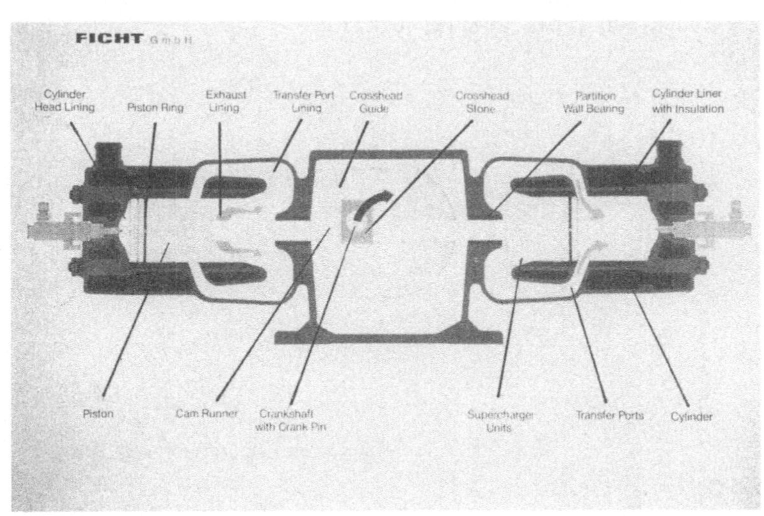

Bild 16: Schnitt durch einen Ficht-Motor mit keramischen
Bauteilen (Zylinderlaufbüchse, Kolben, Kolbenring,
Gleitschiene, Gleitstein)

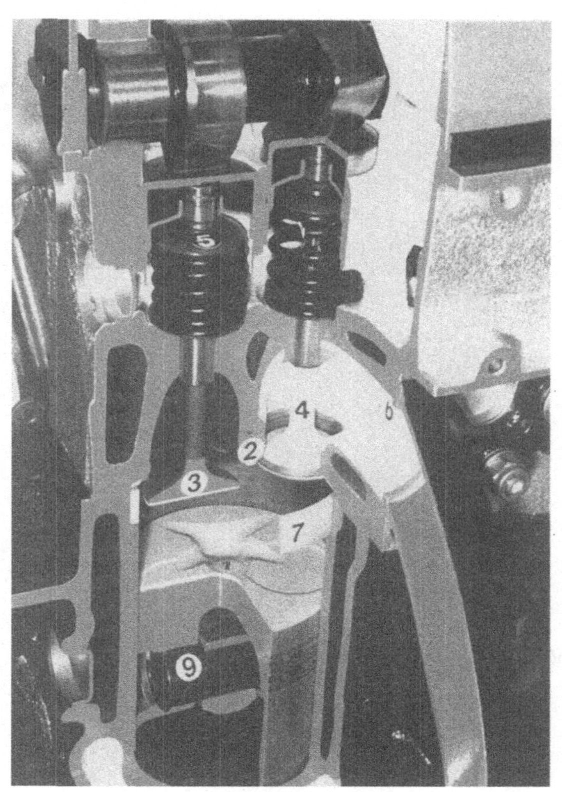

Bild 17: Schnitt durch einen Hubkolbenmotor mit keramischen
Bauteilen (Foto Daimler-Benz)

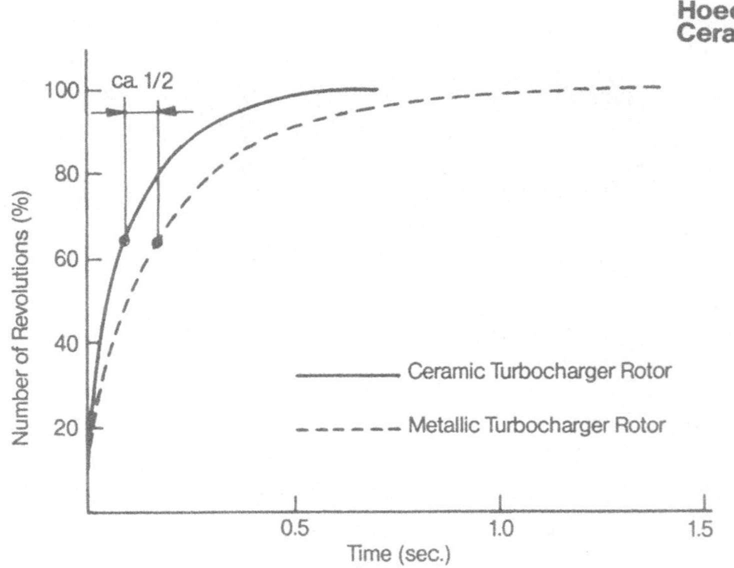

Bild 18: Ansprechverhalten des metallischen bzw. keramischen
Turboladerrotors

Bild 19: HIPRBSN-Turboladerrotor

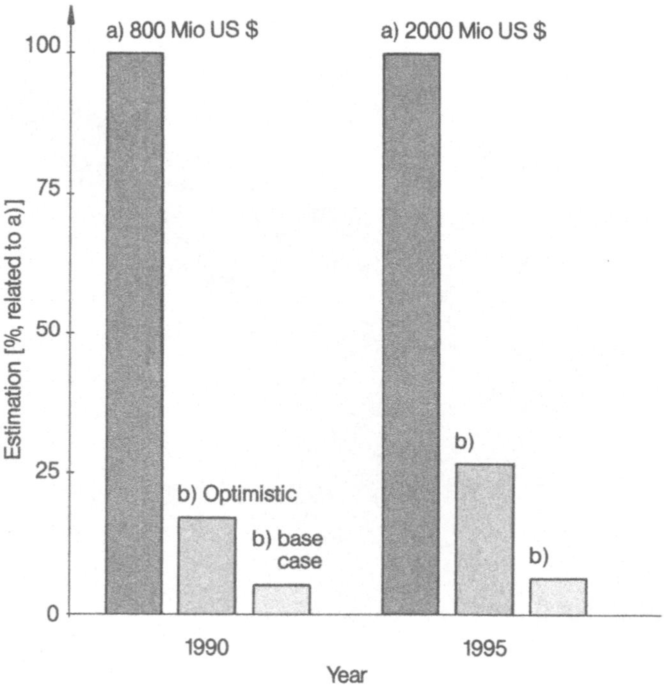

Bild 20: Abschätzung des zukünftigen japanischen Marktes für
Hochleistungskeramik in motorischen Anwendungen

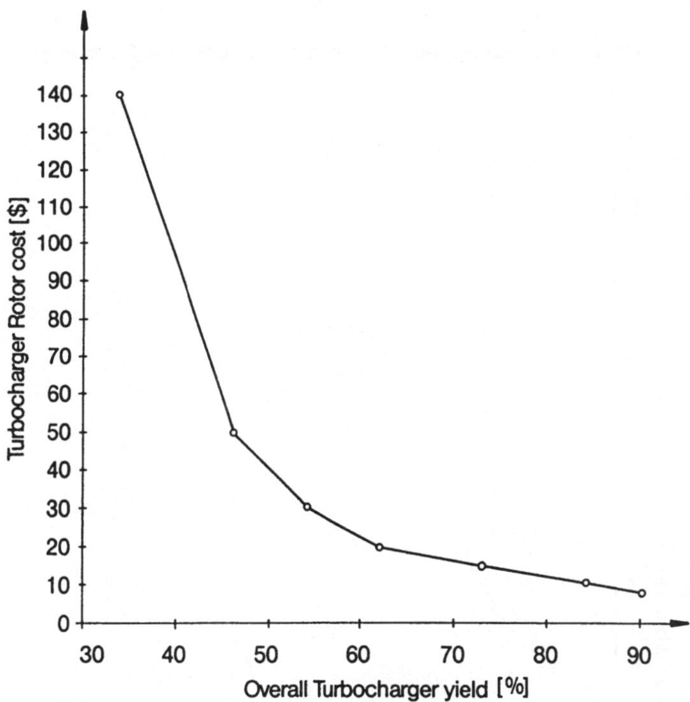

Bild 21: Abhängigkeit des Turbolader-Stückpreises von
der Gesamtausbeute

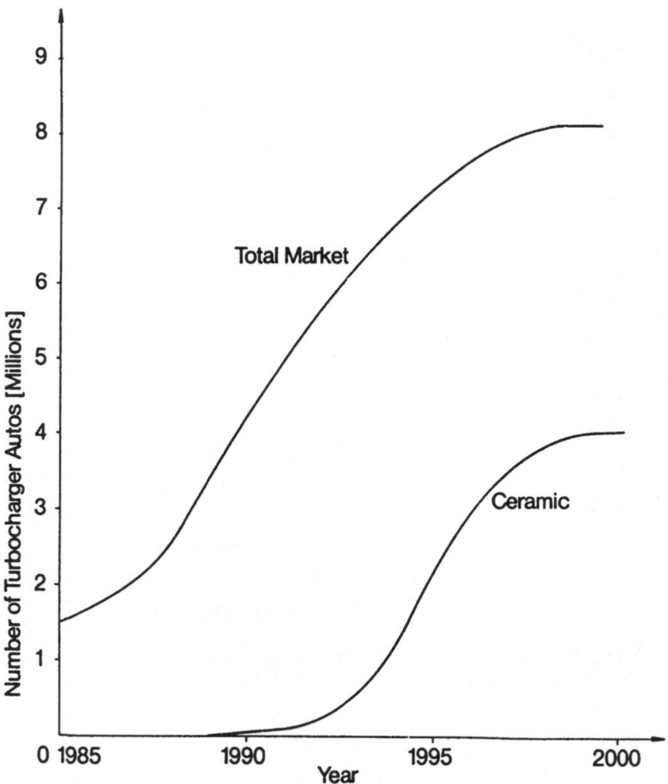

Bild 22: Zukünftige Marktentwicklung für Turbolader

Reibungsuntersuchungen am System Kolben-Kolbenring-Zylinder

von Th. Muckenfuß

1. Einleitung

Mit etwa 30% ist die Reibleistung von Kolbenmaschinen in Relation zu der Gesamtleistung, d. h. der aufgenommenen oder abgegebenen Leistung von Kolbenmaschinen, erheblich.

Daher werden seit vielen Jahren wesentliche Anstrengungen unternommen, die Reibleistung zu minimieren und Verfahren zu entwickeln, um bereits in der Konstruktionsphase einer Kolbenmaschine die Reibleistung abzuschätzen und gegebenenfalls zu minimieren.

Die Reibleistung des Systems Kolben-Kolbenring-Zylinderwand bildet mit 14% bis 20% der Nutzleistung den größten Anteil an der gesamten Reibleistung einer Kolbenmaschine, sodaß ein Ansatz hier den größten Erfolg verspricht.

Eine Senkung dieser Reibleistung durch Reduktion der Massenkraft wird von allen Kolbenmaschinenherstellern vorangetrieben und ist weitgehend ausgereizt. Auch eine Reduzierung der Anzahl der Kolbenringe, deren Reibungskräfte sich nach Iskra /17/ addieren, oder der Kolbenringspannung ist wegen hoher Blowbyverluste, bzw. vermehrter Verbrennung des Kurbelgehäuseöls kaum noch möglich.

Die bisherigen Untersuchungen haben jedoch gezeigt, daß die Reibleistung zwischen Kolben und Zylinderwand von sehr vielen Parametern abhängig ist, von denen hier nur die wichtigsten angesprochen werden sollen:

> Geometrie des Zylinders
>> - Größeneinflüße
>> - Hub- / Bohrungsverhältnis

> Geometrie des Kolbens
>> - Lang- / Kurzschaftkolben
>> - Kolbenringgeometrie

> Mikrogeometrie der Oberflächen in Reibkontakt (Kolbenschaft, Zylinderlauffläche, Kolbenringlauffläche, Profiltraganteil, Ölangebot)

> Werkstoffeigenschaften der Oberflächen
>> - chemische Beständigkeit
>> - Benetzbarkeit
>> - Neigung zu Fressen oder Verschweissen

> Schmierstoff (Basisflüssigkeit / Additive)

        - örtliches Schmierfilmangebot,
          Schmierfilmdicke
        - Viskosität - Druckverhalten
        - Viskosität - Temperaturverhalten
        - Bildung von Oberflächengleit-
          schichten
        - chemische Oberflächenreaktionen
        - Abtransport von Verschleißteilchen
        - Zersetzung durch Temperatur oder
          sonstige Einflüße

   > Kolbenringvorspannung

   > Druckverlauf über Kurbelwinkel

   >Temperaturverläufe über Zeit und Ort

Aus dieser nicht vollständigen Aufzählung kann man unschwer die
Problematik der bisherigen Reibungsuntersuchen, z. B. mit Stift-
Scheibe - Apparate oder ähnlichen, motor - bzw. verdichterfernen
Versuchseinrichtungen erkennen.

Zusätzlich sei noch auf die Stribeck-Kurven verwiesen, aus denen
die Abhängigkeit des Reibungskoeffizienten von der Relativgesch-
windigkeit (Ruhe-, Grenz-, Misch- und Flüssigkeitsreibung) und
von der Flächenpressung hervorgeht. (Bild 1 nach /1/).

Insbesondere, wenn noch berücksichtigt wird, daß unterschiedliche
Werkstoffe meist auch unterschiedliche Rauhigkeiten mit unter-
schiedlichem Ölangebot erfordern, wird klar, daß an möglichst
funktionsfähigen Maschinen geforscht werden muß,um für einen
bestimmten Kolbenmaschinentyp zu gültigen Aussagen zu kommen.

Der Nachteil derartiger Versuche ist ein sehr hoher zeitlicher
und finanzieller Aufwand, da für jeden Werkstoff spezielle
Kolbenschäfte, Kolbenringe und Zylinderwände hergestellt werden
müssen. Zusätzlich muß die Oberflächenbearbeitung und die Pas-
sungstoleranzen auf den jeweiligen Werkstoff abgestimmt werden
und wenn möglich sollte auch noch der Schmierstoff auf die be-
treffende Situation abgestimmt sein

2. Versuchsaufbau

Um bei vertretbaren Kosten einen möglichst breiten Bereich an
Kolbenmaschinen abdecken zu können, wurden die Versuchsaufbauten
so gewählt, daß auf einer Grundeinheit bestehend aus einem 1 -
Zylinder - Kurbelgehäuse, das über eine Kupplung an einer Pen-
delmaschine mit 4 Quadranten-Betrieb verbunden ist, drei verschiedene Versuchsaufbauten installiert werden können.

Da in erster Linie das Reibungsverhalten von verschiedenen Keramiklaufbüchsen verglichen werden soll, wurden zunächst zwei
Versuchseinrichtungen für Verdichterbetrieb und eine für Motor-

betrieb entwickelt, die im folgenden dargestellt und erläutert
werden sollen:

- 1. Verdichterbetrieb
  Untersuchung der Kolbenschaftreibung

- 2. Verdichterbetrieb
  Untersuchung der Kolbenringreibung

- 3. Motorbetrieb
  Untersuchung der Gesamtreibung

2.1. Verdichterbetrieb - Untersuchung der Kolbenschaftreibung

Nach Bild 2 der Prinzipskizze "Kolbenschaftreibung" wird der
Aufbau ersichtlich. Auf dem zuvor beschriebenen Kurbelgehäuse
wird zur Abstützung ein ringförmiger Träger aufgebaut. An diesem
Ringträger hängt über 4 Kraftmeßquarze verspannt der Versuchszylinder. In diesem Versuchszylinder läuft ein Kolbenschaft ohne
Kolbenringträger. über eine Kolbenstange ist oberhalb ein zweiter
Kolben mit voller Ringbestückung verbunden, der druckbeaufschlagt
wird und die Gaskräfte an den unteren Kolben (-schaft) weiterlei-
tet.

Der Versuchszylinder ist in allen Fällen in 3 verschiedenen Ringzonen beheizbar, sodaß auch in Verbindung mit 8 bis 10 bar Vordruck auf den oberen Zylinder Motorbetrieb simuliert werden kann.

2.2. Verdichterbetrieb - Untersuchung der Kolbenringreibung

Auf dem gleichen Kurbelgehäuse wird zunächst ein Kreuzkopfkolben
mit diesem Kurbelgehäuse zur Aufnahme der Seitenkräfte verspannt
(Bild 3). Der eigentliche Versuchszylinder ist über eine Abstützung am Kurbelgehäuse mittels Kraftmeßquarzen verspannt.

Eine Kolbenstange verbindet den Kreuzkopfkolben mit einem speziellen Kolbenringträger für den oberen Versuchszylinder. Eine hy-
drostatische Lagerung der Kolbenstange verhindert ein Anstreifen
des Kolbenringträgers, sodaß tatsächlich nur die Kolbenringreibung gemessen wird.

Auch bei dieser Versuchsanordnung kann durch Vordruck ein Ver-
dichtungsenddruck erreicht werden, der dem Zünddruck von Motoren
sehr nahekommt, ausserdem kann auch hier die Zylinderwand in 3
unterschiedlich beheizten Ringzonen erwärmt werden.

2.3. Motorbetrieb - Untersuchung der Gesamtreibung

In der letzten bereits durchkonstruierten, aber noch nicht reali-
sierten Phase, wird der Motor mit dem Original Dieselzylinderkopf
gefahren, um die vorherigen Ergebnisse im tatsächlichen Motorbe-

trieb verifizieren zu können.
Die Reibungskräfte können entweder über eine spezielle druckempfindliche Folie in der Zylinderkopfdichtung oder, falls sich dies nicht bewähren sollte, über eine Konstruktion mit Kraftmeßquarzen aufgenommen werden.

2.4 Gemeinsame Prüfstandsmerkmale

Insgesamt werden also 5 Betriebszustände untersucht:

> Kolbenschaftreibung - Verdichter

> Kolbenringreibung   - Verdichter

> Kolbenschaftreibung - Motor   (simuliert)

> Kolbenringreibung   - Motor   (simuliert)

> Gesamtreibung Kolben / Zylinder - Motor

Die Meßwerterfassung (Bild 6) der Reibung erfolgt über Meßquarze, Ladungsverstärker und 6-kanaligem Transientenrecorder. Auf das Triggersignal im OT werden über 720° Kurbelwinkel 4000 Meßwerte je Kanal aufgenommen, wobei an 4 Kanälen die Quarze, mit denen der Versuchszylinder aufgehängt ist, angeschlossen sind, der fünfte Kanal nimmt den Gasdruck über ein weiteres Quarz auf, der letzte Kanal ist an einem Drehwinkelgeber angeschlossen.

Gleichzeitig werden über weitere Meßwerterfassungsgeräte die Temperaturverläufe auf Druck- und Gegendruckseite, die Temperatur im Ölsumpf die Ansauglufttemperatur und deren Feuchte und schließlich die Drehzahl in einem Leitrechner zentral überwacht.

Auch der Zustand des Schmierstoffes (Zersetzung von Additiven, Verschleißpartikel, ...) wird laufend kontrolliert.

Auf diese Weise ist es möglich Aussagen über das Reibungverhalten im Verdichter- oder Motorbetrieb bei kontrollierter Variation weniger Parameter zu machen, wie z. B. beim Einlaufvorgang, bei unterschiedlichen Schmierstoffen oder auch bei unterschiedlichen Werkstoffen.

Die von uns auf Reibung untersuchten Werkstoffe sind Zylinderbüchsen aus Stahl, Zirkondioxid, Aluminiumoxid, Siliziumnitrid und Siliziumkarbid. Für die Kolbenschäfte sind Standard-Leichtmetallwerkstoffe, sowie die oben genannten Keramikwerkstoffe im Einsatz. Die Kolbenringe sind aus Standardmaterial, keramikbebeschichtet und eventuell kommen auch Ringe komplett aus Zirkondioxid zum Einsatz.

Über die sonstigen Eigenschaften der verwendeten Keramikwerkstoffe wird in den anderen Vorträgen ausgiebig berichtet, einschließlich ihrer Vor- und Nachteile. Wir wollen hier in erster Linie einen überblick über die Reibungseigenschaften geben.

3. Entwicklung und gegenwärtiger Stand der Reibunguntersuchungen:

ca. 1500   Leonardo da Vinci entdeckt die Abhängigkeit von Last
           und Verschleiß in Richtung des Hauptvektors.

    1920   Adhäsionshypothese zusätzlich zur Festkörperreibung
           aufgestellt.

    1930   Entdeckung des Pitting- und Korrosionsverschleisses
           Unterscheidung in Trocken-, Flüssigkeitsreibung /
           Gleit-, Rollreibung, oszillierende Reibung / Erosion /
           Kavitation

    1940   Aufstellung einer allgemeinen Reibungstheorie, die ad-
           häsive Molekularkräfte und Verzahnungskräfte beinhal-
           tet.

    1950   Entdeckung des Metallübertrags, des Abplatzens von
           Oxidpartikeln mit Fressen und der Hauptverschleißarten.

Eine allgemein anerkannte Einteilung der Hauptreibungsarten hat sich hingegen noch nicht durchsetzen können. Wichtige Arbeiten auf diesem Gebiet wurden z. B. von Czichos verfasst, der die Rei-bung in drei verschiedene verlustbehaftete Prozesse aufteilt /2/ (siehe auch Bild 4):

I   elastische und plastische Deformation.

II   adhäsives Verkleben

III   Abscheren der Verbindung und elast. Rückbildung

Eine andere Veröffentlichung von Bowden und Tabor /3/ teilt die Hauptreibungsarten in Deformation und Adhäsion ein, betont aber ausdrücklich die Abhängigkeit dieser Reibungsarten voneinander.

Für eine Vertiefung in die Theorie der Reibung möchte ich hier auf das Standardwerk von Czichos verweisen.

Systematische Untersuchungen über das Reibungsverhalten kerami-scher Werkstoffe wurden von Klaffke /4/ mit Kugel-Platte bzw. Zylinder-Platte in jüngster Zeit ohne Schmierstoffe und unter Kontrolle der relativen Feuchte durchgeführt. Bild 5 aus seiner Arbeit zeigt einen überblick über die Reibungszahlen bei jeweils gleichem Werkstoff. Daraus ist zu erkennen, daß die Kombinationen Zr O2 / Zr O2, Al2 O3 / Al2 O3 und SSiC / SSiC jeweils im unge-schmierten Zustand kurzzeitige starke Schwankungen durch abgelö-ste Reibpartikel haben. Den von konventionellen Werkstoffen gewohnten Verlauf mit deutlicher Einlaufphase zeigt nur die Paarung Si3 N4 / Si3 N4.

Bei jeweils gleichen Umgebungsbedingungen, wie Raumtemperatur und 45% relativer Feuchte, ergeben sich bei Zylinder-Ebene - Versuchen ebenfalls nach Klaffke /4/ für unterschiedliche Keramikwerkstoffkombinationen auch unterschiedliche Reibungszahlen bei teilweise ganz erheblichen Streubreiten.

Für Kolben-Zylinderwand - Werkstoffpaarungen kommen wegen des unterschiedlichen Ausdehnungsverhaltens nur Zr O2 - Al2 O3 und Si3 N4 - SSIC, bzw. die einzelnen Werkstoffe mit sich selbst, in betracht. Die Kombinationen SSiC - SSiC und Zr O2 - Zr O2 scheiden in ungeschmierten Kolbenmaschinen wegen hoher Reibungskoeffizienten bereits bei Raumtemperatur aus, sodaß nur die folgenden Kombinationen in Frage kommen:

Si3 N4 - SSiC   f = 0.38

Al2 O3 - Al2 O3   f = 0.4

Zr O2 - Al2 O3   f = 0.45

Diese Werte gelten jedoch nur für Raumtemperatur, 45% r. F., sowie einer ganzen Reihe weiterer Randbedingungen, die eine Untersuchung auch für SSiC - SSiC und besonders Zr O2 - Zr O2 im Motor und Verdichter unter geschmierten Bedingungen nahelegen, zumal Zr O2 nach den bisherigen Erfahrungen der einzige Keramikwerkstoff für Kolbenringe werden könnte.

Nach Untersuchungen der Oak Ridge Nat. Lab., Ricardo Consulting und Garrett Turbine Engine Co. /5,6,7/ sollten bei Kolben und Zylinderwänden aus Si3 N4 oder SiC die Laufflächen mit plasmagespritztem Zr O2 (+ 20% Y2 O3) versehen werden, um Zerstörungen durch Pressungen zu vermeiden. Das Zr O2 zeigte nach diesen Untersuchungen den niedrigsten Reibkoeffizienten und damit die geringsten Ausfälle durch Pressungen an der Materialoberfläche.

Timoney /8/ berichtet über erfolgreiche Versuche mit SiC - Kolben und SiC - Zylinder ohne Schmierung bei geringerer Reibung als geschmierte Graugußzylinder.

Flynn und Mac Beth /9/ stellten bei kompletten Kolben und Zylinderwänden aus SIALON und SiC ohne Schhmierung und Kühlung nur ca. 33% bis 50% der Reibung von geschmierten Referenzmetallteilen fest. Entgegen bisherigen einfacheren Versuchen kommen sie zu dem Ergebnis, daß die Keramik unter motornäheren Bedingungen sowohl verschleiß- als auch reibungsarm ist. Ihre Versuchsanlage, die der von Timoney entspricht, ist eine 2 Takt-Dieselkonstruktion mit im gleichen Zylinder entgegengesetzt laufenden Kolben. Diese Versuchsanordnung kommt den realen Verhältnissen bei Kolbenmaschinen schon relativ nahe.
SASC und SIALON - Kolben, die ungeschmiert und kolbenringlos in

ungekühlten SASC - Laufbüchsen liefen, zeigten eine Reibleistungsverminderung um 40% - 50% verglichen mit geschmierten und gekühlten Standardteilen.

In einer weiteren Veröffentlichung /10/ wird von einem 2 l OHC Opel - Dieselmotor berichtet, bei dem es durch Einsatz von SASC (auch an den Kipphebeln) gelang, die Gesamtreibungsverluste um 8% bis 12% zu reduzieren.

Bei diesen Trockenreibungsversuchen mit Keramikteilen wurden unterschiedliche Verschleißmechanismen, je nach Lastzustand, beobachtet.

Da der Schmierfilm im System Kolben-Kolbenringe-Zylinder, der die Reibung erheblich beeinflussen kann, durch hydrodynamische Schmierfilmdruckentwicklung tragfähig wird, läßt sich in den Totpunktbereichen ein relativ großer Anteil an Mischreibung nicht vermeiden. Die zu erwartende Gesetzgebung in den USA für Anfang der 90 er Jahre mit strenger Limitierung des Schmierölverbrauchs zwingt zu sorgfältigsten Betrachtungen, um eine hydrodynamische Schmierung und damit Gleitreibung auch bei den erhöhten Zylinderwandtemperaturen über den größten Teil des Hubes zu gewährleisten und somit den Anteil der Mischreibung, bzw. daraus resultierende Reibverluste und Verschleiß, zu vermindern.

Bereits in den 70 er Jahren entstanden daher an der Universität Hannover 3 dimensionale, stationäre und 2 dimensionale instattionäre Computerprogramme mit Berücksichtigung beliebiger Teilfüllung des Schmierspaltes mit Öl. Optimierungsrechnungen sollten ermöglichen Misch- und Festkörperreibung durch einen tragenden Schmierfilm auszuschliessen.

Ein anderer Weg sind die bei uns zur Zeit laufenden Untersuchungen auf den jeweiligen Werkstoff und Oberflächenzustand angepaßte Öle mit optimalen Benetzungs- und Hafteigenschaften zu finden. Hierauf wird in den anderen Vorträgen noch näher eingegangen.

Neuere Werkstattests der Fa. Ford /11/ an einem 1,6 l 4-Zylinder Diesel-Direkteinspritzer mit keramischen Laufbüchsen und keramischer Zylinderkopfauskleidung ergaben so hohe Zylinderwandtemperaturen, daß auch synthetische Öle nicht mehr schmieren konnten. Der Einsatz eines kolbenringlosen, gasgeschmierten Keramikkolbens zeigte auch am OT-Punkt, wo der Gasfilm am dünnsten war, eine hohe Verschleißfestigkeit. Theoretisch könnte eine solche Maschine mit ungeschmiertem Keramikrollenlager, sowie mit einem Turbocompoundsystem ohne Öl- und Wasserkreislauf auskommen, wobei im 2-Taktbetrieb ohne Ventile sogar Vielstoffbetrieb möglich wäre.

Dies deckt sich mit der Aussage von Zernig /12/, wonach die Isolation der gesamten Zylinderbahn bei den heute zur Verfügung stehenden Mitteln nicht möglich ist.

Trotz der positiven Berichte über niedrige Reibungskoeffizienten

im System Kolben-Kolbenringe-Zylinder ohne Schmierstoffe, darf
nicht übersehen werden, daß Keramiknadellager für Pleuelauge,
-kopf und Kurbelwellenlager bisher für PKW - Serieneinsatz in
preislich weiter Ferne liegen. Außerdem wird auch die Haltbarkeit
der Keramik durch Reduzierung der Kontakte durch Rauheitsspitzen
gefördert.

Ein weiterer Grund ist die Verminderung der Blow-by - Verluste
bei ungeschmiertem Betrieb durch die dann erforderliche "Gas-
lagerung" im Schmierspalt. Der Gasdurchsatz soll im ungeschmierten Betrieb als eine Art Luftlagerung dienen. Dadurch kommt es zu
einem geringeren Mitteldruck und somit ebenfalls zu Verlusten.
Weitere Funktionen eines geeigneten Schmiermittels sind die Neu-
tralisation anorganischer Säuren durch schwefelhaltigen Kraftstoff, Sammlung und Abtransport von Reaktionsprodukten, Ver-
schleißteilchen und Fremdkörpern.

Die Suche nach geeigneten Schmierstoffen für Keramikkolben und
Zylinder erscheint aus heutiger Sicht unumgänglich, wobei auch
das Hochtemperaturverhalten der Schmierstoffe von ausschlag-
gebender Bedeutung ist.

Nach Wrede /13/ entspricht die mittlere Laufbüchsentemperatur etwa dem arithmetischen Mittel von Gasein- und Gasauslaßtemperatur.

Nach japanischen Messungen /14/ an Keramikzylinderbüchsen liegen
die Temperaturen am oberen, mittleren und unteren Büchsendrittel
bei 350 C, 250 C und 150 C.
Diese entsprechen auch den für unsere beheizte Zylinderwand vor-
gesehenen Ringzonentemperaturen.

Die Temperaturverläufe an der Zylinderwand haben nach Krause /15/
den stärksten Einfluß auf Reibung und Schmierfilmdicke:
Eine höhere Büchsentemperatur führt zu niedrigeren dynamischen
Reibungsverlusten, aber wegen einer erhöhten Mischreibung durch
dünnere Schmierfilme zu höherm Verschleiß. Diese Effekte wurden
bereits bei einem nur um 20 K erhöhten Temperaturniveau deutlich
bemerkbar.
Eine Änderung der Öleintrittstemperaturen in weiten Bereichen
zeigte hingegen keine meßbare Reibungsänderungen.

Meyer und Kloss /16/ weisen in diesem Zusammenhang ausdrücklich
auf einen möglichen Wechsel des Verschleißmechanismus bei über-
schreitung einer Oberflächengrenztemperatur hin, sowie auf die
eventuelle Ausbildung reib- und verschleißmindernder Grenzschich-
ten.

Eine ausführliche Darstellung der Forschungsergebnisse über optimale Schmierfilmausbildung zur Minimierung der Reibung hätte allein mindestens den Umfang dieses Vortrags. Daher soll hier auf
die Dissertation von Todsen an der Universität Hannover, sowie
auf die laufenden Veröffentlichungen von Garkunov und Kragelski
von der Universität Moskau hingewiesen werden.

4. Zusammenfassung:

Insgesamt konnte gezeigt werden, daß wegen der Vielzahl an Ein-
flußparametern, zur Untersuchung der Eignung neuer Werkstoffe auf
Reibungs und Verschleißeigenschaften im System Kolben-Kolbenring
-Zylinder zusätzliche motor- beziehungsweise verdichternahe Versuchseinrichtungen unumgänglich sind und daß dringend geeignete
Schmierstoffe für preiswerte Großmaschinen gefunden werden müssen.

Diese Arbeiten entstehen im Rahmen eines Forschungsauftrages der
Stiftung Volkswagenwerk.

Literaturangaben zu Vortrag 3

/1/   Lang, O. R.   Gleitlager, Konstruktionsbücher Band 31
       Steinhilper, W.   Springer-Verlag Berlin 1978

/2/   Czichos, H.   Tribology - a systems approach to the
                          sciece and technology of friction, lubri-
                          cation and wear.
                          Elsevier Amsterdam 1978

/3/   Bowden, F. P.   Reibung und Schmierung fester Körper.
       Tabor, D.   Springer-Verlag Berlin 1959

/4/   Klaffke, D.   Verschleißuntersuchungen an ingenieurke-
                          ramischen Werkstoffen.
                          Tribologie und Schmierungstechnik
                          34. Jahrgang 3/87 S. 139 ff

/5/   Lindberg, L. J.   Contact Stress Behavior of Four Transfor-
       Richerson, D. W.   mation Toughened Zirconia Materials.
                          Garrett Turbine Engine Company

/6/   Lindberg, L. J.   Durability Testing of Ceramic Materials
                          for Heat Engine Applications
                          Garrett Turbine Engine Company

/7/   Hammond, J. P.   Indirect Brazing of Structural Ceramics
       David, S. A.   for Uncooled Diesels.
       Woodhouse, J. J.   Oak Ridge National Laboratories

/8/   Timoney, S. G.   Engine Rig for Screening Ceramic
                          Materials. SAE 84 0433

/9/   Flynn, G.   A Low Friction, Unlubricated, Uncooled
       Mac Beth, J. W.   Ceramic Diesel Engine - Chapter II
                          SAE 86 0448

/10/   Hinton, J. W.   Recent Developments in the Fabrication
       Mac Beth, J. W.   and Testing of Ceramic Engine Components.
       Ten Eyck, M. O.   Sohio Engineered Materials Co.

/11/   N. N.   Ford working on a revolutionary diesel
                          engine - The future: ceramic engine with
                          no oil or cooler.
                          cfi/Berichte Deutsche Keramische Gesell-
                          schaft 1/2 - 87 S.49

/12/   Zernig, N.   Brennraumisolation von Dieselmotoren
                          durch den Einsatz keramischer Werkstoffe.
                          Haus der Technik Essen, Tagung Nr. T - 30
                          - 313 - 056 - 7

/13/   Wrede, F.   Theoretische und experimentelle Studien
                          der Schmierverhältnisse am System Kolben-
                          Kolbenring-Zylinder.
                          Dissertation Hannover 1978

/14/ Shimauchi, T.   Tribology at High Temperature for Un-
      Murakami, T.   cooled Heat Insulated Engine.
      Nakagaki, T. e.a.   SAE 84 0429

/15/ Krause, H.-H.   Ein Beitrag zur Optimierung von Reibung,
                           Verschleiß und Ölhaushalt an Kolben-Ring
                           -Zylinder-Systemen.
                           MTZ 47 (1986) 4

/16/ Meyer, K.   Verschleißverhalten geschmierter Reibsys-
      Kloss, H.   teme.
                           Schmierungstechnik 17 (1986) 3 S. 70 ff

/17/ Iskra, A.   Schmierverhältnisse in der Baugruppe Kol-
                           benring-Zylinder bei begrenzter Schmier-
                           ung der Zylinderwand.
                           MTZ 47 (1986) 7/8 S. 301 ff

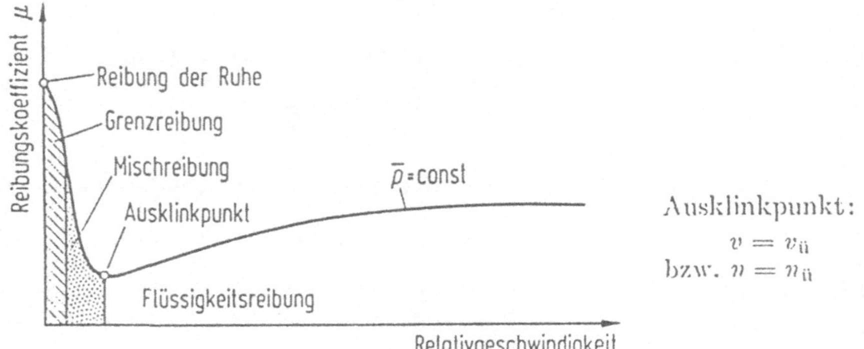

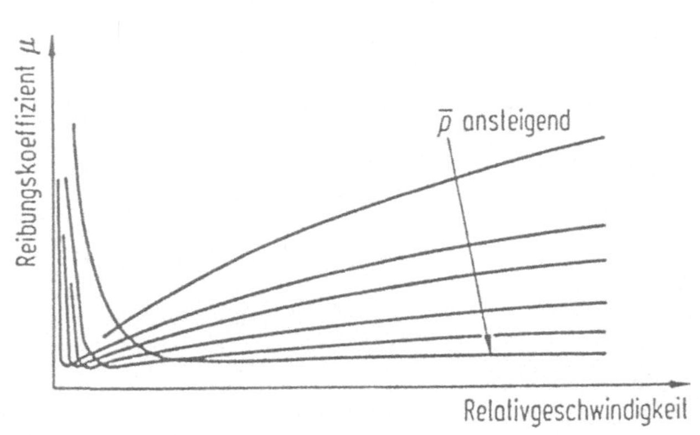

Stribeck-Kurven

Abb. 1

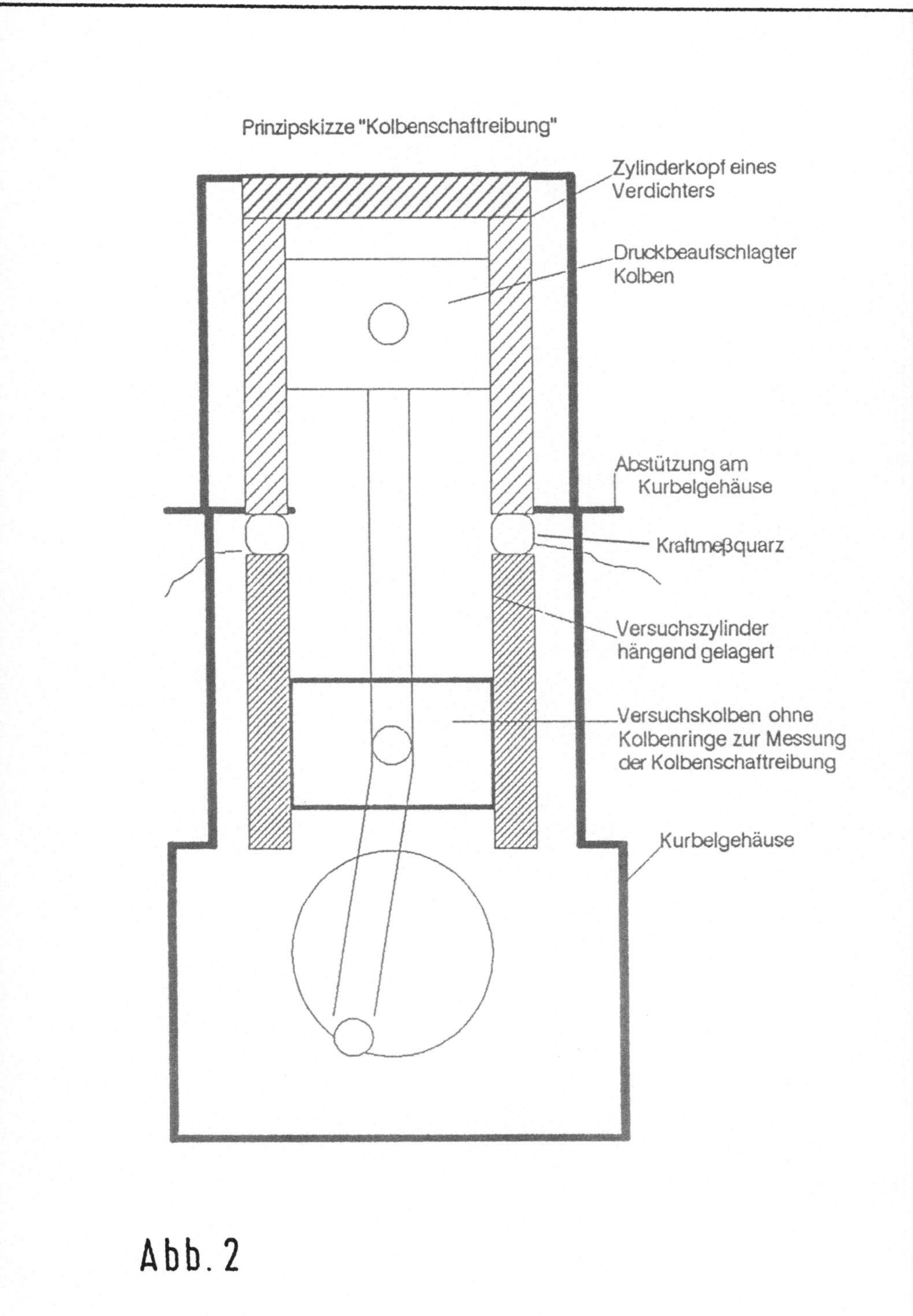

Prinzipskizze "Kolbenschaftreibung"
Zylinderkopf eines Verdichters
Druckbeaufschlagter Kolben
Abstützung am Kurbelgehäuse
Kraftmeßquarz
Versuchszylinder hängend gelagert
Versuchskolben ohne Kolbenringe zur Messung der Kolbenschaftreibung
Kurbelgehäuse
Abb. 2

Kolbenschaftreibung, Zusammenbau-zeichnung

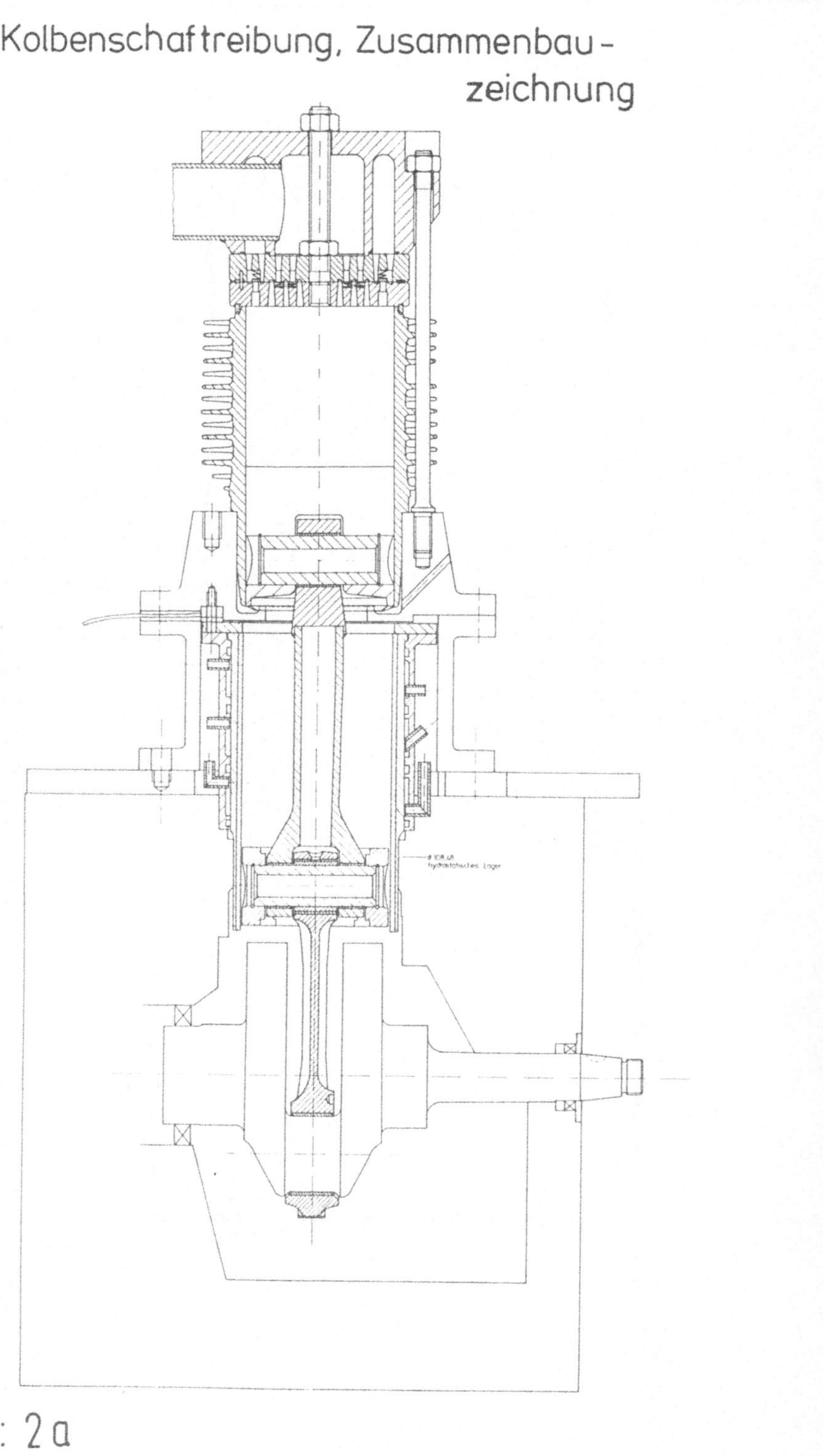

Abb.: 2a

Prinzipskizze "Kolbenringreibung"
Kraftmeßquarz
Zylinderkopf von Verdich-
ter mit Vordruck oder von
Dieselmotor
Kolbenringträger
Versuchszylinder
Hydrostat. Lager
Kreuzkopfkolben
Kurbelgehäuse

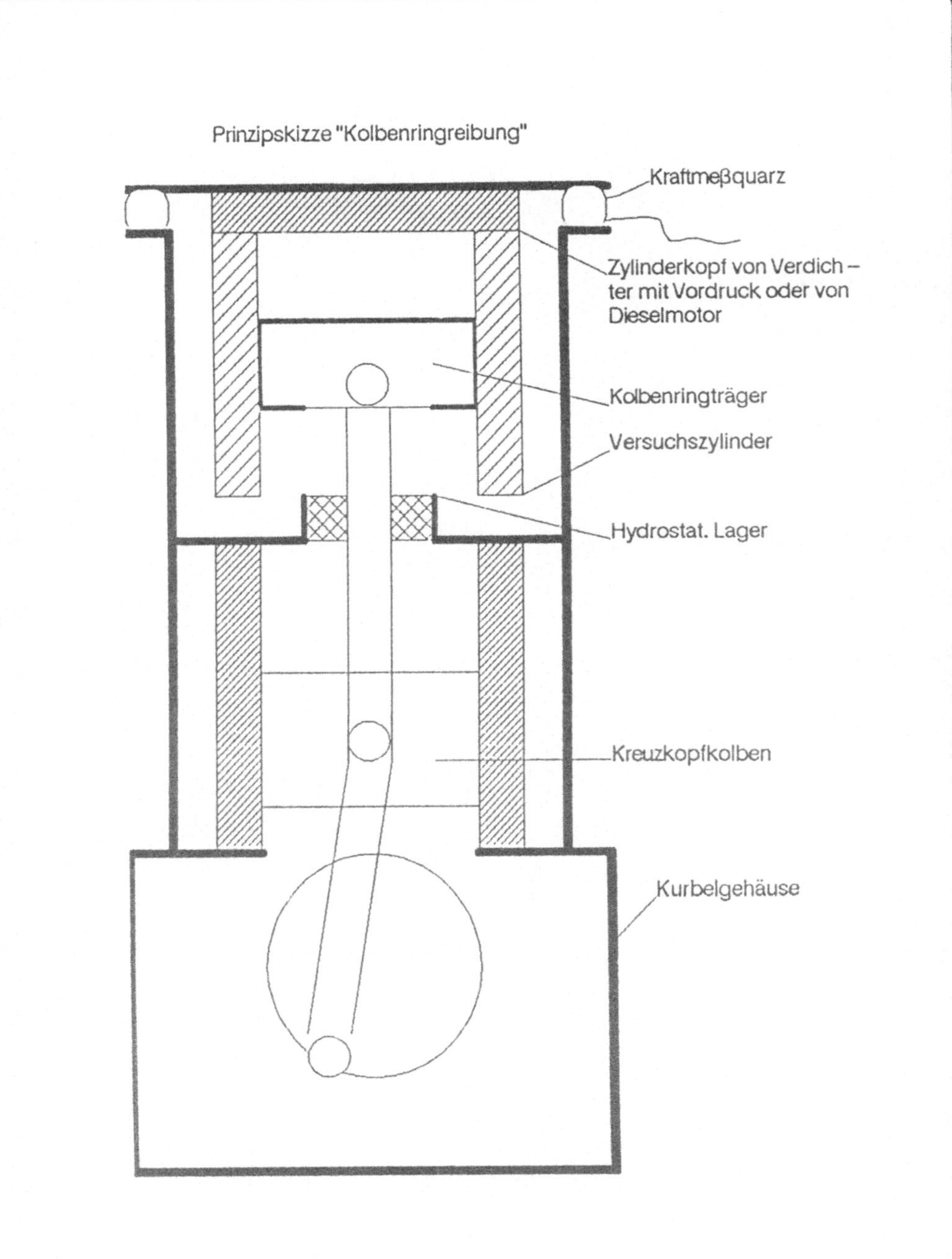

Abb. 3

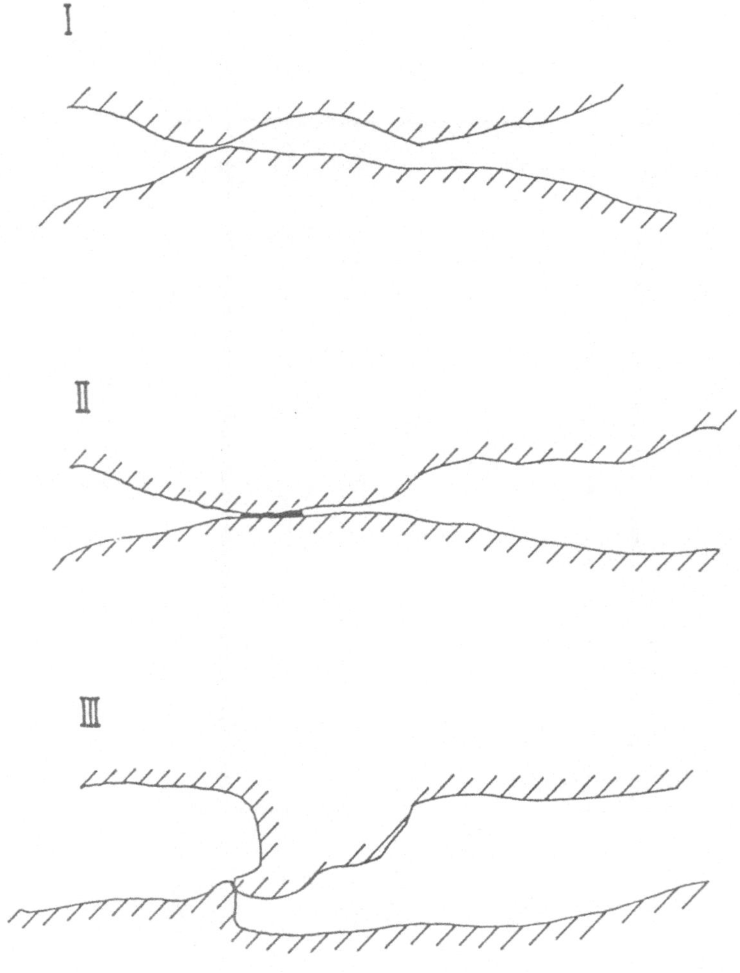

I   elastische und plastische Deformation
II adhäsives Verkleben
III Abscheren der Verbindung und elastische
    Rückbildung

Abb. 4

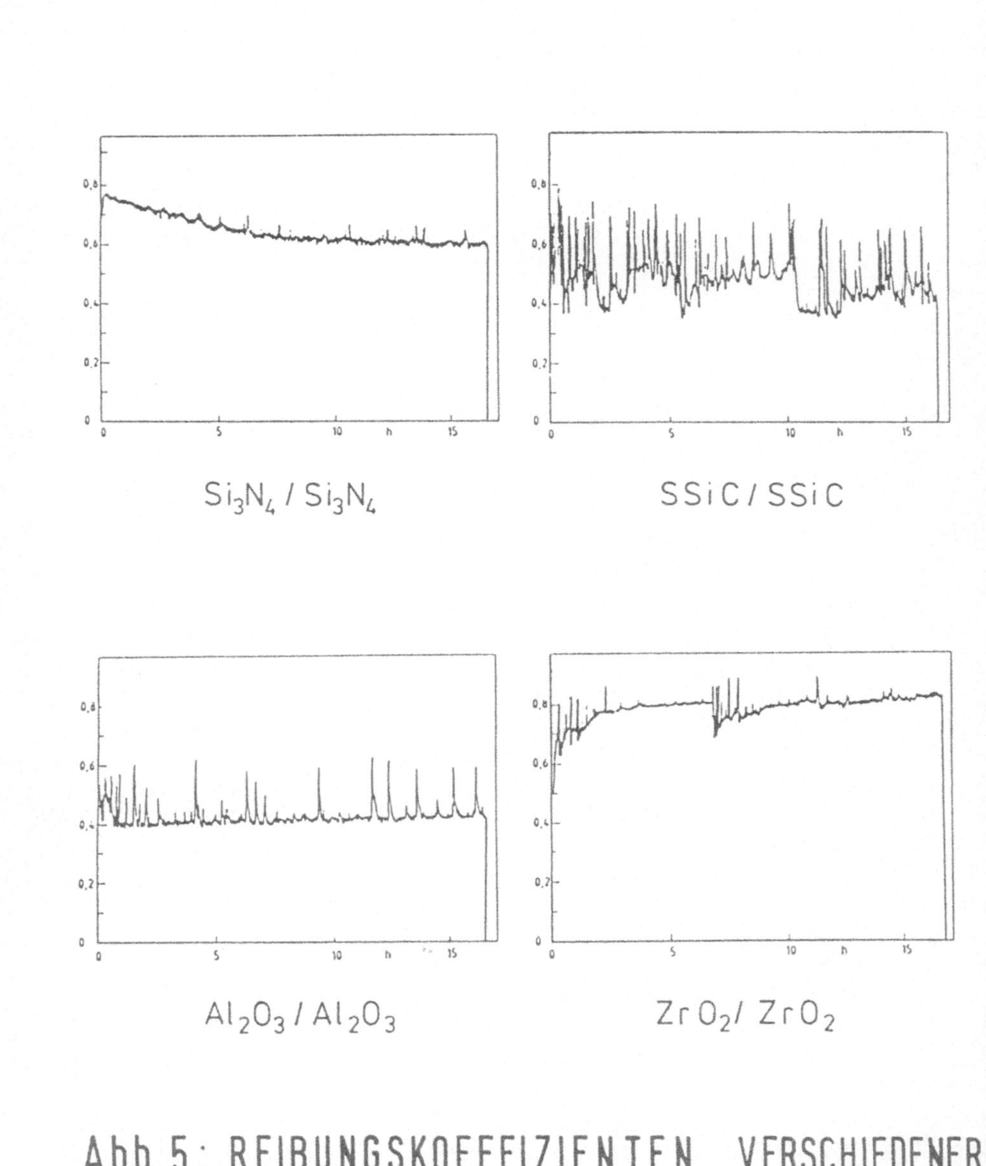

Abb.5: REIBUNGSKOEFFIZIENTEN VERSCHIEDENER KERAMIKWERKSTOFFPAARUNGEN IN DER EINLAUF- UND BETRIEBSPHASE

Meßwerterfassung und Prüfstand-steuerung

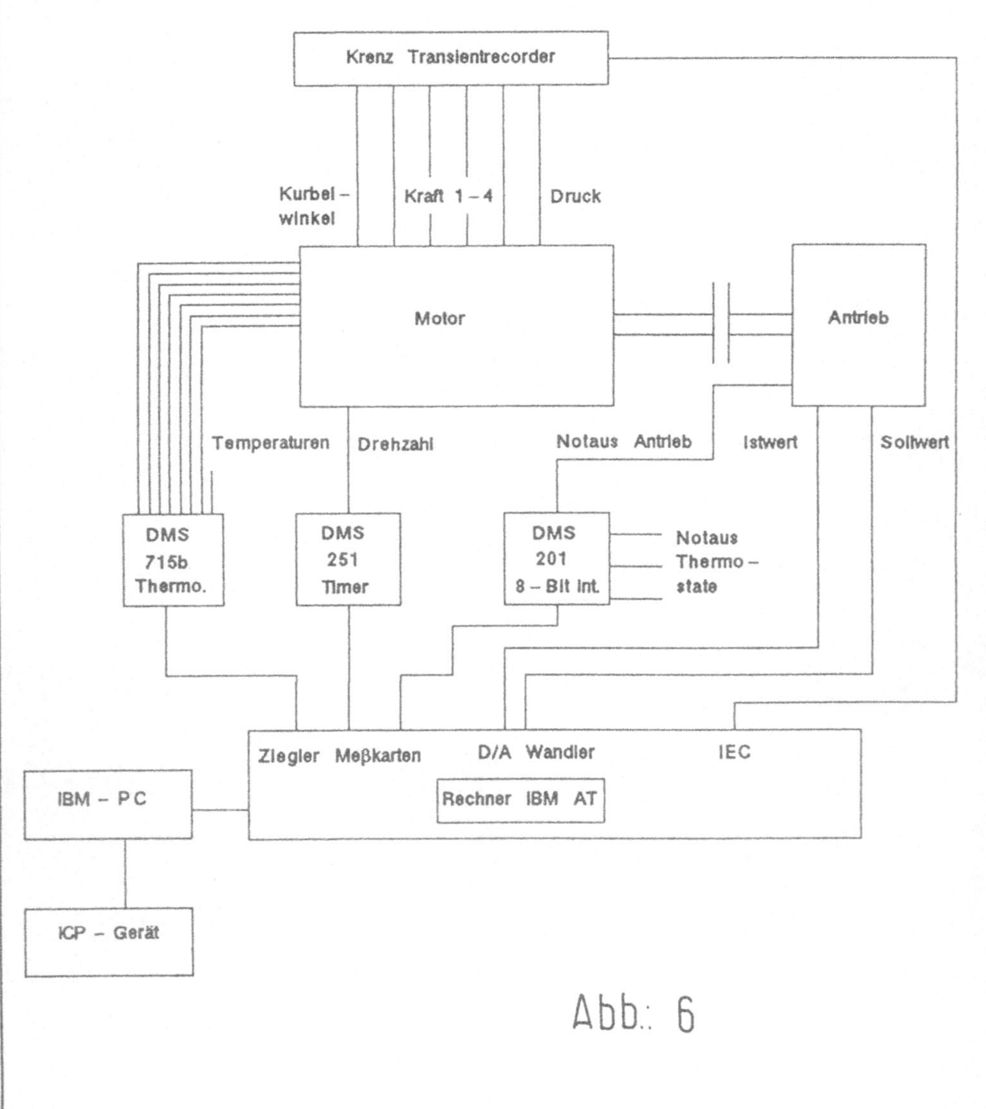

Verschleißmessungen an Keramikgleitpaarungen

von O. Fries, Th. Muckenfuß

1. EINLEITUNG

Verschleißvorgänge von Gleitpaarungen sind in Bezug auf Lebensdauer und Über-
holungsintervalle der Bauteile von entscheidender Bedeutung. Bei Kolbenmaschinen
sind hauptsächlich Kolben, Kolbenring und Zylinder verschleißgefährdet, da sie teilweise im Bereich der Mischreibung betrieben werden.

Eine Reihe günstiger Materialeigenschaften keramischer Werkstoffe legen den
Schluß nahe, eine Reibungs- und Verschleißminimierung durch geeignete Werkstoffauswahl erreichen zu können. Bisher existieren nur wenige Untersuchungen
über das Verschleißverhalten keramischer Werkstoffe und wegen großer Streuung
der Materialeigenschaften durch unterschiedliche Herstellungsprozesse, lassen sich
die Ergebnisse nur bedingt miteinander vergleichen.

Wichtigste Voraussetzung zur sinnvollen Verschleißmessung ist es, das tribologische
System und dessen Umgebung in einem Prüfstand möglichst genau zu realisieren.
Bei der Prüfung mit einfachen Probekörpern muß eine geeignete Struktur des Ersatz-
systems und dessen Beanspruchung (Normalkraft, Geschwindigkeit, Temperatur,
Beanspruchungsdauer) gewählt werden. Deshalb muß eine hohe Übereinstimmung
in den Verschleißergebnissen zwischen Ersatzsystem und Orginalbaugruppe angestrebt werden, wobei die Erfassung von Betriebsgrößen und die Festlegung der
variierbaren Parametern von großer Bedeutung ist. Die Prüfung in einer Orginal-
maschine ist am besten geeignet, den Beanspruchungsverlauf und die Störgrößen
zu berücksichtigen und eine exakte Aussage über das Verschleißverhalten zu machen.

An der Universität Kaiserslautern wurde aus einem 1 - Zylinder Dieselmotor
(Hub/Bohrung = 98/100; ε = 17; 4 - Takt mit direkter Einspritzung) eine Anlage
erstellt, die im Verdichterbetrieb arbeitet und den Einbau von verschiedenen
Zylinderwerkstoffen aus Keramik ermöglicht. Neben Reibungsuntersuchungen für
Kolben, Kolbenring und Zylinder, werden auch Verschleißuntersuchungen durch
ständige Analyse des Kurbelgehäuseöls mit Hilfe eines ICP-Gerätes durchgeführt.
In verschiedenen Versuchsreihen werden in Stahl eingeschrumpfte Büchsen aus
Al_2O_3, ZrO_2, Si_3N_4 und SiC untersucht. Wegen Schwierigkeiten bei der Herstellung der Keramikbüchsen, befinden sich die Untersuchungen im Anfangsstadium.

<u>2. STAND DER VERSCHLEISSMESSUNGEN INGENIEURKERAMISCHER WERKSTOFFE</u>

Um Werte über das Verschleißverhalten ingenieurkeramischer Gleitpaarungen zu erhalten, wurden zunächst Modelluntersuchungen mit dem Ziel durchgeführt, eine Werkstoffauswahl für weitere Versuche zu treffen und einige Kennwerte für das Reib- und Verschleißverhalten verschiedener Werkstoffpaarungen zu erhalten. Die Ergebnisse von Untersuchungen der Bundesanstalt für Materialprüfung /1/ sind im folgenden dargestellt, da sie mit den gleichen Werkstoffpaarungen durchgeführt wurden, die auch mit einer Versuchsanlage der Universität Kaiserslautern getestet werden. Als Kontaktgeometrie der Versuchskörper wurde Zylinder gegen Ebene gewählt, wobei die Ebene bei konstanter Last eine oszillierende Bewegung ausführte (siehe Abb.1). Beim Schrägstellen des Zylinders um $\alpha = 1$ ergaben sich parabelförmige Verschleißspuren. Der volumetrische Verschleiß W_V als Volumenänderung des Prüfkörpers konnte anhand der Verschleißspurabmessungen b und d sowie des Zylinderradius R bestimmt werden.

Da zwischen volumetrischem und linearem Verschleiß (Längenänderung senkrecht zur verschleißenden Fläche) eine einfache Beziehung besteht, kann der Verschleißkoeffizient (Änderung des Verschleißvolumens mit der Zeit) aus der zeitlichen Änderung des linearen Verschleißes berechnet werden.

Folgende Werkstoffe wurden für die Modelluntersuchungen verwendet:

		Ra	Rz	[μm]
Si_3N_4	drucklos gesintert	0.7	4.3	Zylinder
		0.25	2.0	Ebene
ZrO_2	MgO stabilisiert	0.8	5.0	Zylinder
		0.2	2.6	Ebene
Al_2O_3	98.5%; gesintert	1.6	9.8	Zylinder
		1.0	8.0	Ebene
SiC	gesintert	0.1	0.9	Zylinder
		0.2	1.7	Ebene

Vorhandene Werkstoffinhomogenitäten können eine Streuung der Eigenschaften bewirken, sodaß beim Vergleich verschiedener Werkstoffe auch deren Herstellungsprozeß berücksichtigt werden muß. Die Angabe der Mittenrauhwerte R_a sowie der gemittelten Rauhtiefen R_z sind zur Beschreibung der Oberflächeneigenschaften von entscheidender Bedeutung. Sie haben einen direkten Einfluß auf das Verschleißverhalten besonders in der Einlaufphase.

Die Verschleißmessungen wurden mit allen 16 möglichen Materialkombinationen durchgeführt, wobei folgende Versuchparameter eingestellt wurden:

Normalkraft	F_n	= 20N
Schwingweite	Δx	= 0.2 mm
Frequenz	f	= 20 Hz
Zyklenzahl	N	$= 1.2 * 10^6 \approx 16.67$ h

Luftfeuchtigkeit und Umgebungstemperatur wurden konstant gehalten. Die Versuchsergebnisse für den linearen Verschleiß gleicher Keramikpaarungen in Abhängigkeit von der Lastspielzahl ist in Abb. 2 dargestellt. Der Kurvenverlauf ist für alle Werkstoffe durch eine Einlaufphase von etwa 45 Minuten gekennzeichnet, in der der Verschleiß sehr stark ansteigt. Bei der Paarung Si_3N_4/Si_3N_4 steigt der Verschleiß nach der Einlaufphase noch sehr stark an und hat nach 15 h bereits einen Wert von etwa 58 µm. Deutlich geringer ist der Verschleißbetrag der Gleitpaarung SiC/SiC, der nach 15 h etwa 38 µm beträgt. Außerdem ist der Verschleißbetrag leichten Schwankungen unterworfen, die auf dem gewählten Maßstab allerdings weniger deutlich erkennbar sind. Ursache hierfür ist die Bildung von größeren Verschleißpartikeln die sich zwischen Platte und Prüfkörper setzen und somit zeitweise ein Ansteigen der Verschleißrate verursachen.

Die beiden Oxidkeramiken zeigen ein deutlich günstigeres Verschleißverhalten als Si_3N_4 und SiC. Für ZrO_2 liegt der Verschleißwert nach 15 h bei etwa 20 µm und für Al_2O_3 bei etwa 18 µm. Die Einlaufphase für ZrO_2 ist stärker ausgeprägt und die Kurve hat durch Verschleißpartikel hervorgerufene Schwankungen. Nach 8 h ist ein leichter kontinuierlicher Anstieg festzustellen. Der lineare Verschleiß von Al_2O_3 steigt nach der Einlaufphase nur um etwa 0.2 µm an.

Als Verschleißmechanismus bei schwingender Beanspruchung dominieren die Abrasion durch ritzen bzw. zerspanen des Grundkörpers und die Tribooxidation durch chemische Reaktion der beiden Werkstoffe. Die Körner und Kornfragmente die aus dem Gefüge ausbrechen erhöhen den abrasiven Verschleiß.

In Abb.3 und 4 ist dargestellt, wie groß der volumetrische Verschleiß verschiedener Keramik-Gleitpaarungen im Vergleich ist. Die Si_3N_4- Ebene hat den größten Verschleiß für oszillierende Zylinderprüfkörper aus Si_3N_4 und Al_2O_3, wobei der zylinderseitige Verschleiß bedeutend geringer ist.

Der Verschleiß der SiC-Ebene ist für alle Gegenkörper geringer, wobei der zylinderseitige Verschleiß etwa mit den Ergebnissen der Si_3N_4- Ebene vergleichbar ist.

Die Verhältnisse für die Oxidkeramik - Prüfkörper sind deutlich anders. Die Si_3N_4 Zylinder verschleißen sehr stark in Kontakt mit ZrO_2 und Al_2O_3. Bei der Gleitpaarung mit SiC ist der Verschleiß an Prüfkörper und Zylinder gleich groß, ansonsten verschleißt der Zylinderkörper mehr als die Ebene. Kleinste Verschleißwerte sind bei der Kombination der Oxidkeramiken gegeneinander zu beobachten. Dies ist auch die Hauptaussage der Untersuchungen der Bundesanstalt für Materialprüfung in Berlin. Das günstigste Verschleißverhalten ergab sich für die Paarung ZrO_2/ZrO_2.

Mit der beschriebenen Anlage wurden auch Reibungskraftuntersuchungen durchgeführt. Wie sich herausstellte, waren die Reibungskräfte für Keramikpaarungen zumeist kleiner als bei den Vergleichsmessungen mit Stahl. Obwohl die Keramikgleitpaarungen aus ZrO_2 das günstigste Verschleißverhalten zeigten, waren die Reibungszahlen sehr hoch. Es ist also nicht möglich, den Verschleiß alleine zu betrachten ohne den Einfluß der Reibung zu berücksichtigen.

Da obige Aussagen mit sehr eingeschränkten Versuchsparametern gemacht wurden, sind sie nicht allgemeingültig. So wurde die Schwingfrequenz nicht variiert, was für den Einsatz der Keramik als Zylinder- und Kolbenwerkstoff im Hinblick auf ein großes Drehzahlspektrum sehr entscheidend ist. Im Motorbetrieb ergeben sich auch wechselnde Temperaturen, Drücke und Lasten, sowie Einflüsse des Kraftstoffes und der unverbrannten Abgasbestandteile. Die Verwendung eines geeigneten Schmiermittels muß ebenfalls getestet werden. Genauere Ergebnisse lassen sich deshalb nur in einem Motorprüfstand erzielen, der alle Parameter berücksichtigt. Ein solcher Prüfstand wird im nächsten Kapitel beschrieben.

3. VERSCHLEISSMESSUNGEN VON GLEITPAARUNGEN BEI OSZILLIERENDER BEWEGUNG DES SYSTEMS KOLBEN-KOLBENRING-ZYLINDER

3.1. FESTIGKEITS- UND MATERIALKENNWERTE DER VERWENDETEN WERK- STOFFE IM VERGLEICH

Keramische Werkstoffe sind wegen ihrer chemischen Beständigkeit, der hohen Härte und der Beständigkeit bei höheren Temperaturen für den Einsatz im Maschinenbau geeignet. Die geringere Festigkeit und Zähigkeit gegenüber metallischen Werkstoffen wurde in den letzten Jahren durch geeignete Werkstoffzusammensetzung und Herstellungsverfahren soweit verbessert, daß ihre Anwendungsgebiete in der Technik immer vielfältiger werden.

Im folgenden sollen die Material- und Festigkeitswerte der verwendeten Keramikwerkstoffe kurz miteinander verglichen werden. Die für das Verschleißverhalten entscheidenden Herstellerangaben sind in Abb. 5 und 6 dargestellt.

Das verwendete Al_2O_3 zeichnet sich in seinem Festigkeitsverhalten durch eine hohe Härte, eine hohe Bruchzähigkeit und einen im Vergleich zu herkömmlichen Zylinder- und Kolbenwerkstoffen (Aluminiumlegierungen, Grauguß, Stahl) hohen Elastizitäsmodul aus. Die Härte nimmt erst bei Temperaturen, die oberhalb der Einsatztemperatur im Motor liegen, ab, sodaß mit einer guten Verschleißfestigkeit zu rechnen ist.

ZrO_2 ist mit MgO teilstabillisiert, um eine sonst unvermeidliche Phasenumwandlung mit Volumenzunahme beim Abkühlen des Werkstoffes zu verhindern und gleichzeitig eine Festigkeitssteigerung zu erzielen. Die Festigkeit und die Härte nehmen jedoch mit zunehmender Temperatur ab. Die Größe des E-Moduls liegt im Bereich von Stahl.

Si_3N_4 besitzt gute Hochtemperatureigenschaften und zeichnet sich durch hohe Biegebruchfestigkeit aus. SiC besitzt ebenfalls hohe Festigkeit bei höheren Temperaturen, hat aber eine bedeutend größere Härte und einen großen E-Modul.

In Bezug auf ihre Materialeigenschaften kennzeichnet die vier Keramikwerkstoffe eine im Vergleich zu Stahl und Grauguß geringere Dichte und stark unterschiedliche Wärmeleitfähigkeit. ZrO_2 eignet sich hervorragend als Isolationswerkstoff, wohingegen SiC eine 40-fach größere Wärmeleitfähigkeit hat. ZrO_2 zeigt ein ähnliches Ausdehnungsverhalten wie Stahl und Grauguß, sodaß beim Einbau in Verbindung mit diesen Materialien nur geringe ausdehnungsbedingte Spannungen entstehen. ZrO_2 hat ein um das zehnfach größere Kornvolumen als Al_2O_3, was für das Verschleißverhalten wichtig ist. Über die Korngröße von Si_3N_4 und SiC liegen vom Hersteller noch keine Angaben vor.

3.2. UNTERSUCHUNG DER MATERIALOBERFLÄCHE

Die Untersuchungen der Keramikoberflächen beschränken sich nur auf die Zylinderoberflächen aus Al_2O_3 und ZrO_2 , da die beiden anderen Keramikwerkstoffe erst zu einem späteren Zeitpunkt fertiggestellt werden können. Untersucht wurden die Oberflächen nach der Endbearbeitung vor dem Einbau im Prüfstand. Die Versuchszylinder (98/100 mm) sind in Stahlbüchsen eingeschrumpft und haben eine Druckvorspannung, um Wärmedehnungen während des Betriebes entgegenzuwirken.

Die Beurteilung der Laufflächenqualität erfolgte mit Hilfe eines optischen Abtastgerätes und eines Elektronenrastermikroskops. Die Keramikzylinder sind mit einem speziellen Honverfahren, der Plateauhonung, mit Diamantleisten bearbeitet. Das besondere Merkmal der Plateauhonung ist das gleichmäßige Durchsetzen mit tiefen Riefen und einer Restfläche mit geringer Rauhtiefe. Somit erhält man ein großes Ölhaltevolumen, das zur Schmierfilmbildung im Spalt zwischen Kolben und Zylinder unerläßlich ist. Das Ölhaltevolumen pro cm^2 läßt sich aus der Abott'schen Tragkurve mit Hilfe der Tragrauhigkeitswerte bestimmen (siehe Abb. 7). /3/

$$\text{Ölhaltevolumen} \qquad V_O = \frac{(100 - B) * (C - A)}{2000} \quad mm^3 / cm^2$$

Die Traganteilkurven und die Rauhigkeitsprofile von ZrO_2 und Al_2O_3 Zylinderbüchsen sind in Abb. 8 dargestellt.

Die Bestimmung der Rauhigkeitswerte R_z, R_{max}, R_a, R_p und W_t mit Hilfe eines optischen Tastschnittgerätes wird nach jedem Versuch durchgeführt, wobei der Bereich des oberen Umkehrpunktes vom ersten Kompressionsring zur Bestimmung des Zwickelverschleisses wichtig ist. Die Beurteilung von Einlaufzeit, Bildung sogenannter Fresser und Rückschlüsse auf Ölverbrauch und Durchblasemenge können ebenfalls gemacht werden.

Zur Untersuchung der Oberflächenstruktur der Keramik wurden die Büchsen mit Überlänge hergestellt und anschließend das überstehende Ringsegment abgetrennt. Nur so können Teilstücke im Rasterelektronenmikroskop beobachtet werden. Die Oberfläche der beiden Segmente sind in Dia 1 – 4 in verschiedenen Vergrößerungen zu sehen. Die Größe der Orginalprobe ist am unteren Bildrand angegeben, wobei die linke Zahl die Länge des oberen Balkens in µm kennzeichnet.

In Bild 1 ist ein repräsentativer Teil der Zirkonoxidoberfläche bei 200-facher Vergößerung zu sehen. Die Honriefen sind in ihrem Verlauf sehr deutlich erkennbar. Der Honwinkel beträgt wie bei den meisten Motorenherstellern etwa 50 Grad. Die Orientierung der Honriefen (Gleichmäßigkeit der Schnittführung in beide Honrichtungen) ist sehr gut, d.h. negative Einflüsse hinsichtlich der Schmierölverteilung können vermieden werden.

Die Orientierung der Riefen für Aluminiumoxid ist etwas schlechter (Bild 2). Deutlich sind auch die unterschiedlichen Korngrößen beider Werkstoffe erkennbar: Al_2O_3 – 6.4 µm und ZrO_2 – 60 µm.

In Bild 3 sieht man die Zirkonoxidoberfläche mit 2000-facher Vergrößerung (Breite der Honriefen etwa 5 µm). Spröde Ausbrüche (Mikrorisse) kennzeichnen die Oberflächenstruktur. Beim Vergleich mit Aluminiumoxid (Bild 4) sieht man etwas ungenauere Riefenränder. Die spröden Ausbrüche erstrecken sich wegen der um das 10-fach kleineren Korngröße auf die gesamte Restfläche, die nicht mit Riefen überdeckt ist. Wegen der größeren Härte besitzen die Riefen einen etwas ungeraden Verlauf.

Festigkeitsmindernde Fehler wie z.B. Gas- und Sinterporen, Einschlüsse oder Fremdphasen können mit Hilfe des Rasterelektronenmikroskops nicht lokalisiert werden. Sie sind aber oft Ausgangspunkt für Mikrorisse und können sehr schnell zur Zerstörung der Oberfläche führen.

Ziel der weiteren Untersuchungen während des Betriebes ist es, festzustellen, welche Verschleißmechanismen sich bei den keramischen Werkstoffen zeigen und welchen Einfluß sie auf Form und Oberflächenstruktur des Zylinders und Kolbens haben. Die Untersuchungen werden in regelmäßigen Abständen mit einem optischen Lichtmikroskop und einem Tastschnittgerät durchgeführt. Eventuell muß die mit kleinen Partikeln bedeckte Oberfläche vor der Untersuchung mit einem Aceton-Ultraschallbad gereinigt werden, damit die Verschleißoberfläche und die Riefen sichtbar werden. Weiterhin ist geplant, einzelne Verschleißpartikel unter dem Elektronenrastermikroskop zu analysieren.

3.3. VERSCHLEISSPARTIKELMESSUNG IM SCHMIERÖL

Bei geschmierten Maschinen bleiben die bei Misch- und Trockenreibung entstandenen Abriebpartikel im Schmieröl, sodaß man von der Zusammensetzung des Kurbel-gehäuseöls auf den Verschleißzustand der Reibpartner im Versuchsmotor schließen kann. Die Auswahl eines hierzu geeigneten Verfahrens erfolgte nach folgenden Kriterien:

- Nachweisgrenze für die verwendeten Zylinder- und Kolbenwerkstoffe im ppm - Bereich
- hohe Auflösung, um exakte Trennung der Elemente zu erhalten
- sequentielle Analyse, um die Anteile aller Elemente gleichzeitig messen zu können
- Probenanalyse in max. 3 min nach Entnahme aus dem Kurbelgehäuse
- geeignete Software zur Auswertung und Darstellung der Meßergebnisse

Um in kurzer Zeit eine möglichst große Analysengenauigkeit zu erzielen, ist ein induktiv gekoppeltes Plasma - Spektrometer (ICP) sehr gut geeignet. Bei diesem Gerät (Prinzipskizze siehe Abb. 9) wird ein leicht ionisierbares Gas (Argon) durch ein strömungsspezifisches Quarzrohrsystem geleitet, an dessen Ende ein HF - Induktionsfeld anliegt. Das Argongas wird entzündet und es entsteht ein homogenes Plasma mit hoher thermischer Intensität.

Die Ölprobe aus dem Kurbelgehäuse wird mit dem Trägergas Argon sehr fein zerstäubt und in den heißen Plasmakern eingeleitet. Die Lösungspartikel ionisieren und bewirken somit eine Atomemission, die mit spektrographischen und spektrometrischen Systemen ausgewertet werden. Mit Hilfe einer Monochromatoranordnung nach dem Czerney/Turner Prinzip erhält man auswertbare Spektrallinien der in der Probe enthaltenen Elemente. Bei der sequentiellen Messung werden alle Spektrallinien mit einem Photomultipler abgetastet und die prozentualen Anteile aller Elemente mit Hilfe eines Computers bestimmt. /5/

Entscheidend ist die optische Auflösung des Monochromators, d.h. die Fähigkeit zwei dicht zusammenliegende Spektrallinien trennen zu können. Das in den Verschleißuntersuchungen verwendete Gerät hat eine Auflösung von 0.013 nm für Spektrallinien 1. Ordnung. Folgende Nachweisgrenzen sind für die zu untersuchenden Elemente angegeben:

Element	Wellenlänge (1.Ordn.) [nm]	Nachweisgrenze [ppm]
Zr	343.82	0.08
Al	308.21	0.04
Si	288.16	0.01
Mg	279.55	0.0007
Fe	259.94	0.009

Zur Feststellung des Verschleißzustandes der Versuchsteile ist es wichtig, die Verschleißrate kontinuierlich zu bestimmen. Nur so kann ein ein rechtzeitiges Abschalten der Versuchsanlage vor Zerbrechen der Reibungspartner gewährleistet werden, um die Ursache des Werkstoffbruchs im Entstehungszustand (z.B. Rißbildung) analysieren zu können. Deshalb ist es notwendig, die Probenzufuhr zum ICP-Gerät mit Hilfe eines Pumpensystems vom Kurbelgehäuse bis zum Zerstäuber zu realisieren.

Das Öl wird in der Mitte des Kurbelgehäuses in einer Höhe, die 2/3 des dortigen Ölstandes entspricht, entnommen. Die Probe hat somit eine repräsentative Zusammensetzung des gesamten Schmieröls inclusive der Partikel.

Wegen der hohen Viskosität des Öls müssen die Proben mit dem Verdünnungsmittel Xylol im Mischungsverhältnis von etwa 1:5 dosiert werden. Je nach Menge der Verschleißpartikel sollte eine geringe Verdünnung hergestellt werden, um noch eine ausreichende Empfindlichkeit der Messung zu erzielen. Das Mischungsverhältnis muß sehr exakt sein, da ansonsten die absoluten Elementanteilwerte unbrauchbar sind.

Zur Probenentnahme und zur Dosierung des Xylols wird eine peristaltische Schlauchpumpe mit einem 4 – Kanal Pumpenkopf verwendet. Die Schläuche werden über drehbare Stahlrollen geführt, wobei die Fördermenge vom Schlauchdurchmesser und der Rollendrehzahl abhängig ist. Die Drehzahl des Pumpenkopfes ist mit einem analogen Ausgang über Computer regelbar. Wegen der geringen Durchflußmenge von etwa 1 ml / min und dem Schlauchdurchmesser von 1 mm muß das Analysegerät zur Minimierung des Zeitverlustes für den Öltransport vom Kurbelgehäuse sehr nahe am Motor postiert werden.

Das Schlauchverbindungssystem ist mit elektromagnetischen Ventilen geregelt, sodaß es bei permanent laufender Pumpe möglich ist, Kurbelgehäuseöl zwischen den Messungen zum Kurbelgehäuse zurückzupumpen und gleichzeitig mit Xylol zu spülen. Das Mischungsverhältnis wird über die Wahl der beiden Schlauchdurchmesser erreicht.

Vor jeder Meßreihe muß das ICP – Gerät mit verschiedenen Standardlösungen der zu untersuchenden Elemente geeicht werden. Die Zusammensetzung des Grundöls und des Xylols muß ebenfalls ausgewertet werden, damit der Verschleiß als Dfferenz der Grundzusammensetzung der Probe zum partikelhaltigen Öl gebildet werden kann. Die Zeitdifferenz zwischen Entnahme aus dem Kurbelgehäuse und abgeschlossener Analyse sollte möglichst kurz sein, damit im Falle einer stark ansteigenden Verschleißrate (Zerstörung der Büchse oder des Kolbens) der Motor sofort abgeschaltet werden kann (siehe Abb. 10). Der Abrieb erfolgt in der Regel linear und soll durch empirische Beobachtung normiert werden. Somit ist es möglich vorauszusagen, wann eine Verschleißquote zu Fehlern führen könnte und welche Teile betroffen sind. Eine Aussage über die Zerstörungsursache kann nur im Anfangsstadium bei eintretender Rißbildung oder Ausbrechen größerer Teile getroffen werden.

Um die Verschleißmechanismen genauer bestimmen zu können, werden neben den optischen Oberflächenuntersuchungen auch die Verschleißpartikel mit einer

feinporigen Membran ausgefiltert und ihre Größe und Struktur unter dem Elektronenrastermikroskop untersucht. Weiterhin sollen Eigenschaftsänderungen des Schmieröls wie z.B. Änderung der Viskosität oder des Flammpunktes festgestellt werden,
um geeignete Schmiermittel zu finden. Die Versuche werden zunächst mit einem
handelsüblichen Motorenöls (10 W 40) durchgeführt.

4. AUSBLICK

Mit der Entwicklung der beschriebenen Anlage wird es möglich sein, das Verschleißverhalten oxidkeramischer Werkstoffe und ihren Einsatz in Kolbenmaschinen unter
Berücksichtigung aller relevanter Parameter hinreichend genau zu beurteilen. Die
Untersuchungen befinden sich zur Zeit noch im Anfangsstadium und bis zur Optimierung der gesamten Versuchsuchsanlage einschließlich der Reibungskraftbestim-
mung werden momentan Zylinderbüchsen aus St 52 getestet, welche in ihrer Herstellung bedeutend billiger sind. Erst wenn die Meßwerterfassung vollständig
funktioniert, werden die Keramikteile eingebaut und getestet. Die getrennten Untersuchungen der Kolben bzw. Kolbenringreibung im Verdichterbetrieb werden zuerst
durchgeführt. Endziel sind die Versuchsreihen im gefeuerten Betrieb, bei denen
sich zeigen wird, ob der große Optimismus der Motorenhersteller in Bezug auf
das verschleißmindernde Verhalten von Keramik geteilt werden kann.

Diese Arbeiten werden mit Unterstützung des Landes Rheinland-Pfalz im Rahmen
des Schwerpunktes " Materialwissenschaften " durchgeführt.

5. LITERATUR

/1/ Klaffke, D.

Verschleißuntersuchungen an ingenieurkeramischen Werkstoffen, Tribologie und Schmierungstechnik, 3/1987, S. 139

/2/ Bosch, R.

Beurteilung des Verschleißverhaltens auf Grund von Verschleißtests, Vortrag Akademie Esslingen 1986

/3/ Köhnert, H.J.

Zylinderflächen – Honqualität, Firmenschrift Fellbach 5/1977

/4/ Fripan, M.

Reibung und Verschleiß bei Keramik im Motorenbau MTZ 48/1987, S. 278

/5/ Rückert, F.

ICP – Spektralanalytik, Firmenschrift, Eching 1985

/6/ Fleischer, Gröger, Thum

Verschleiß und Zuverlässigkeit, VEB Verlag 1980

/7/ Reckziegel, A.

Strukturkeramik aus oxidischen Werkstoffen: Eigenschaften und Anwendung, Firmenschrift 1987

/8/ Engel, L.

Schäden an keramischen Werkstoffen, DKG 61 1984, S. 7

/9/ Breznak, J.

Sliding, friction and wear of structural ceramics, Journal of materials science 20, 1985, S. 4657

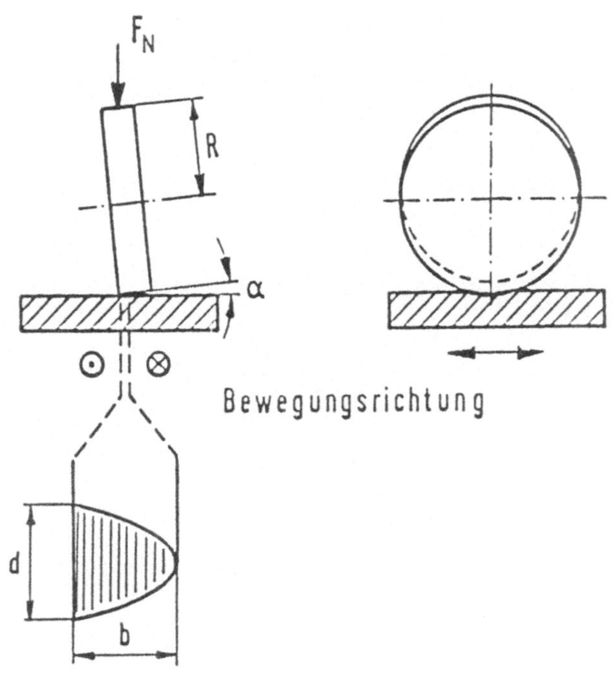

Abb.1: KONTAKTGEOMETRIE DER VERSUCHSKÖRPER

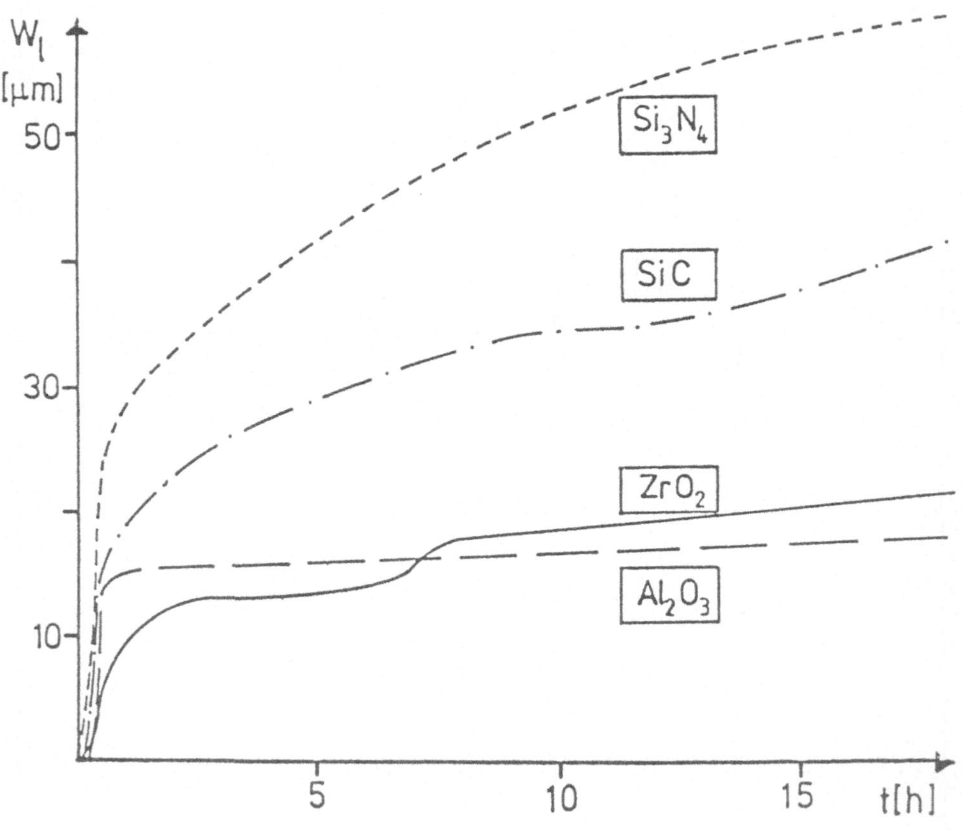

Abb. 2: Linearer Verschleiß verschiedener Keramik - Paarungen

Versuchsparameter:

- Normalkraft $F_n = 20\,N$
- Schwingweite $\Delta x = 0{,}2\,mm$
- Frequenz $f = 20\,Hz$
- Zyklenzahl $N = 1{,}2 \cdot 10^6$ (16,67 h)

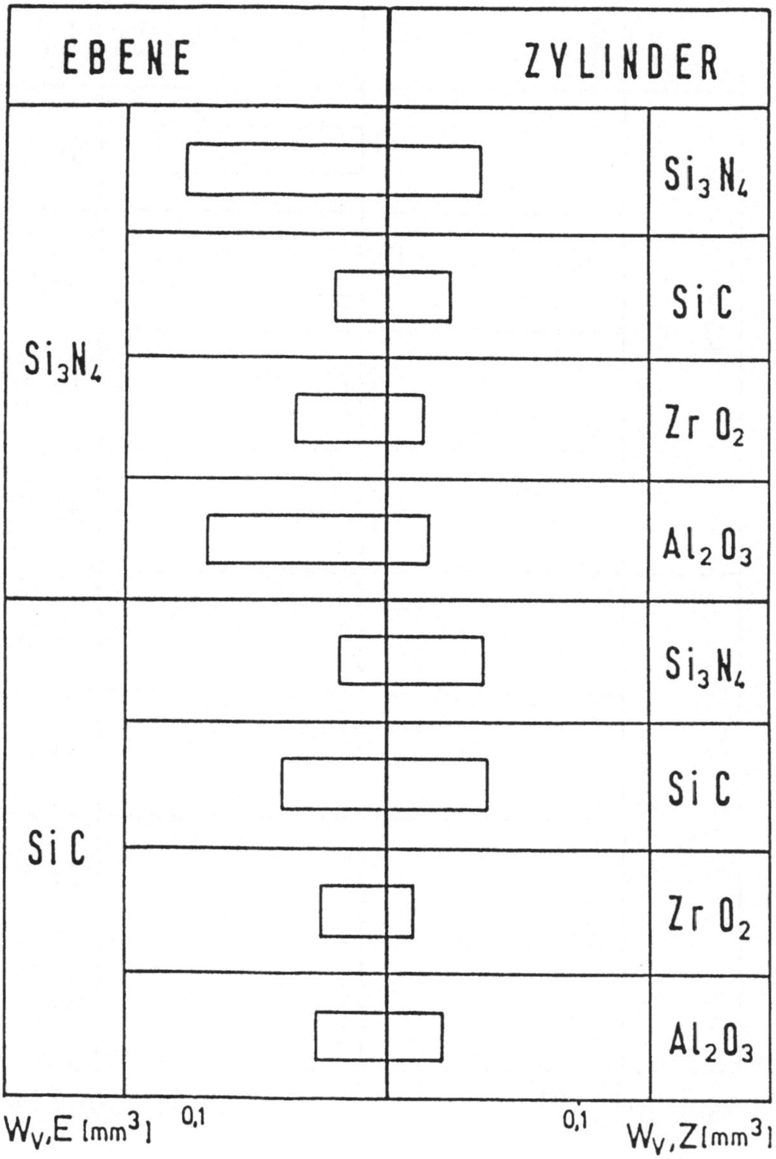

Abb.3: VOLUMETRISCHE VERSCHLEISSBETRÄGE VERSCHIEDENER KERAMIK GLEITPAARUNGEN

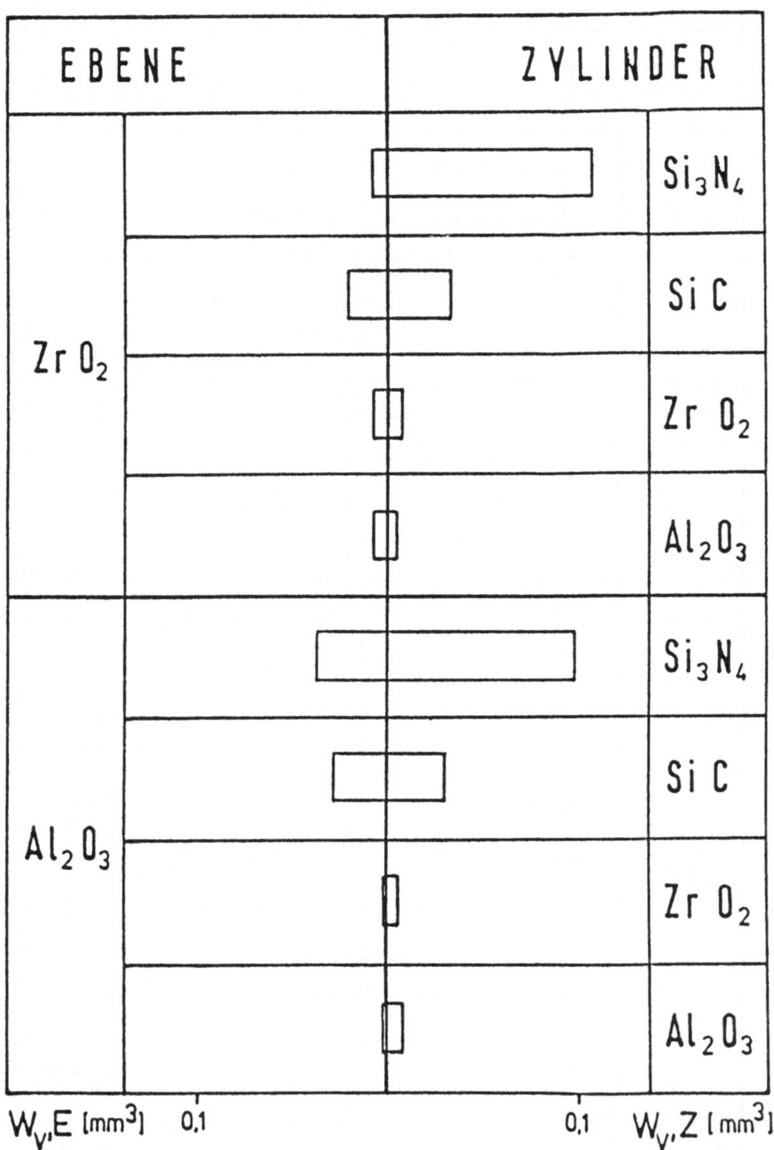

Abb. 4: VOLUMETRISCHE VERSCHLEISSBETRÄGE VERSCHIEDENER KERAMIK GLEITPAARUNGEN

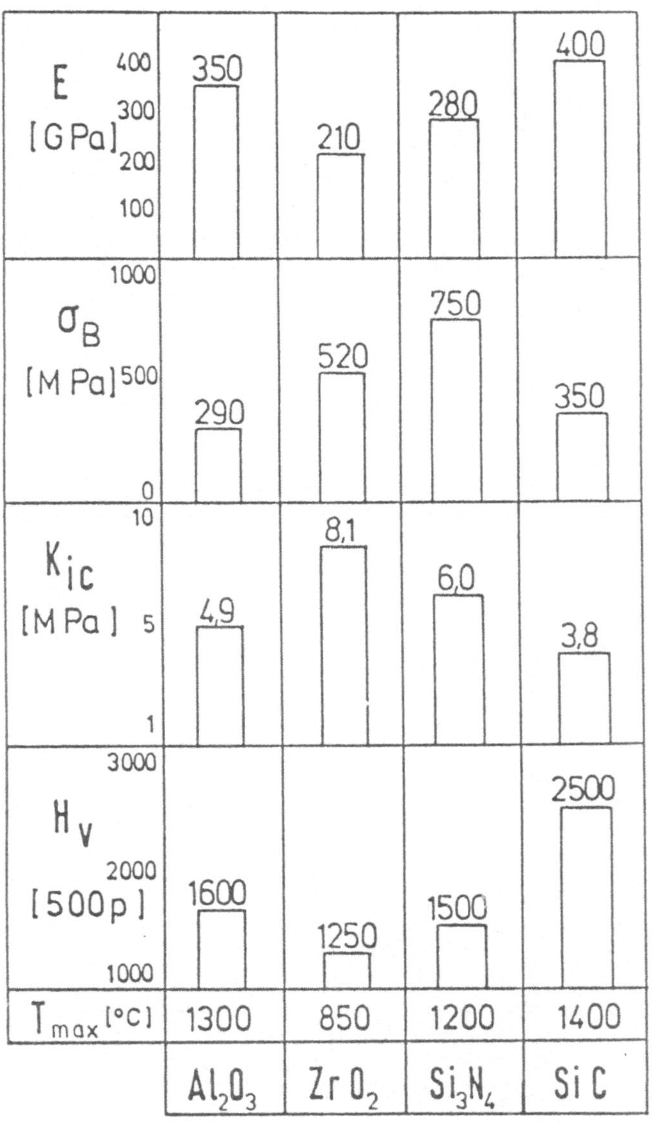

Abb. 5: Festigkeitseigenschaften im Vergleich

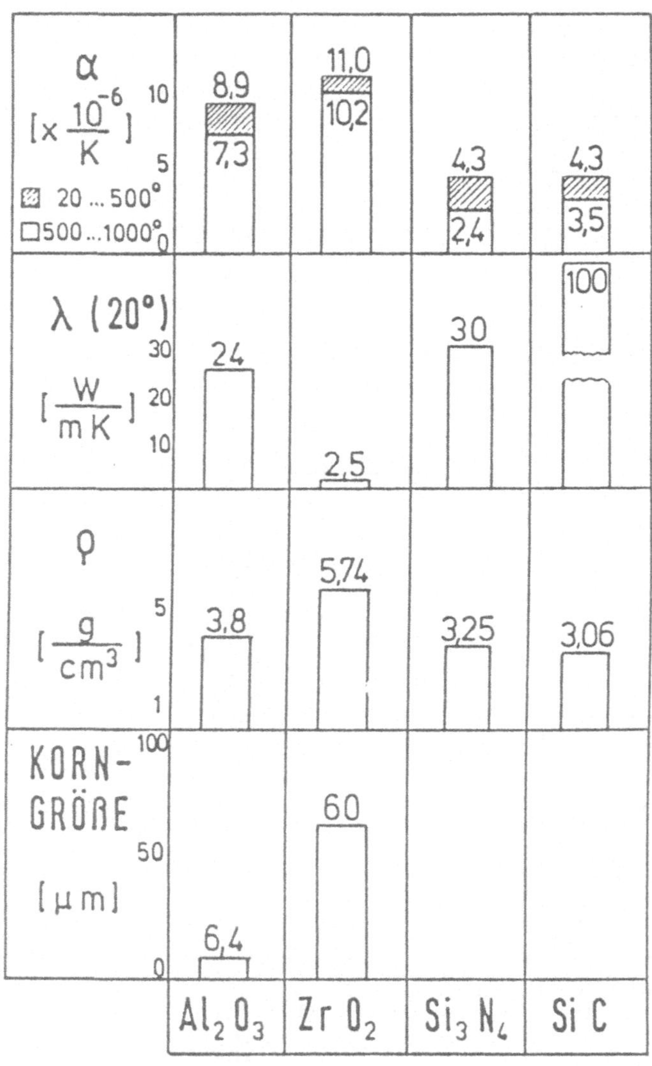

Abb. 6 : Materialeigenschaften im Vergleich

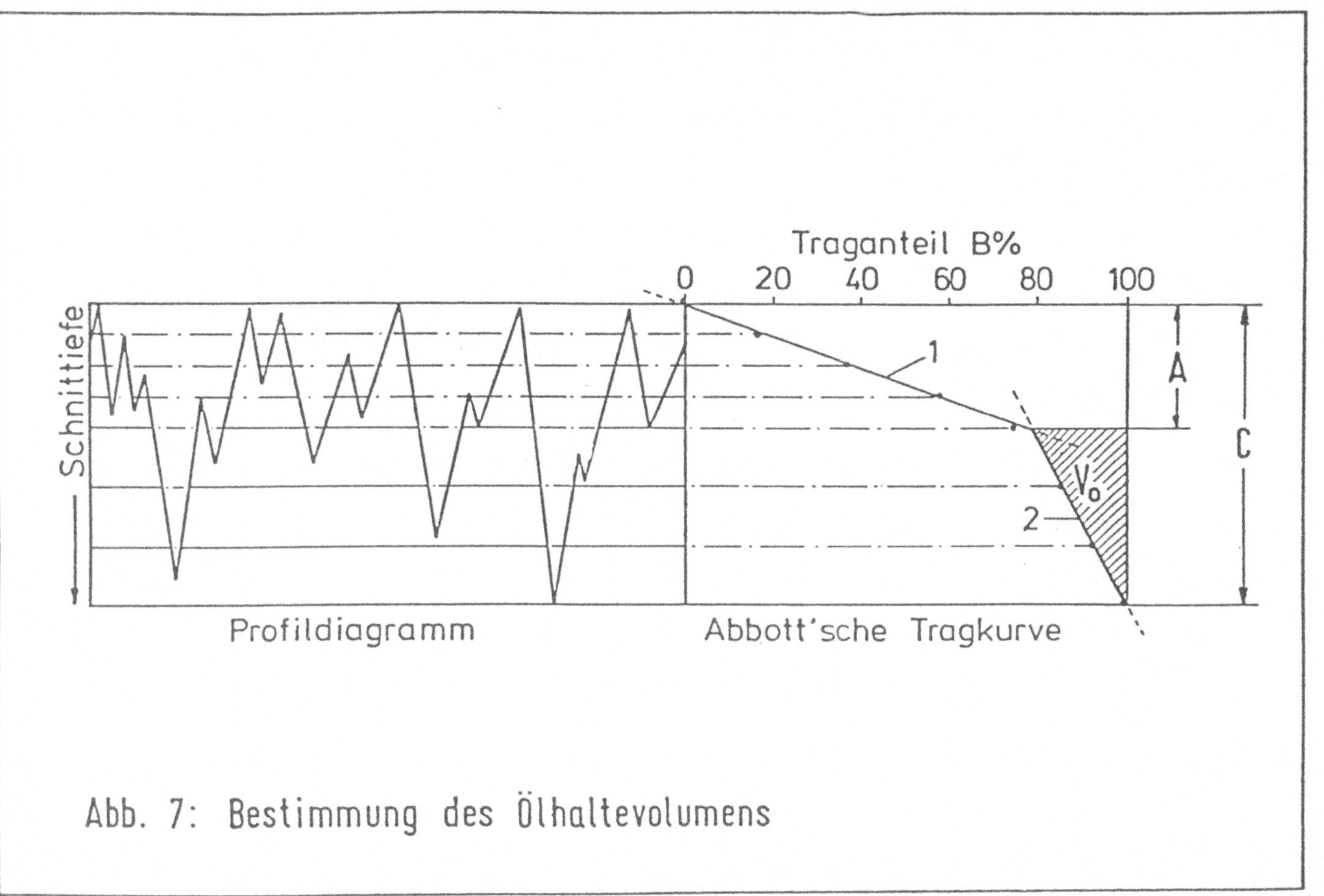

Abb. 7: Bestimmung des Ölhaltevolumens

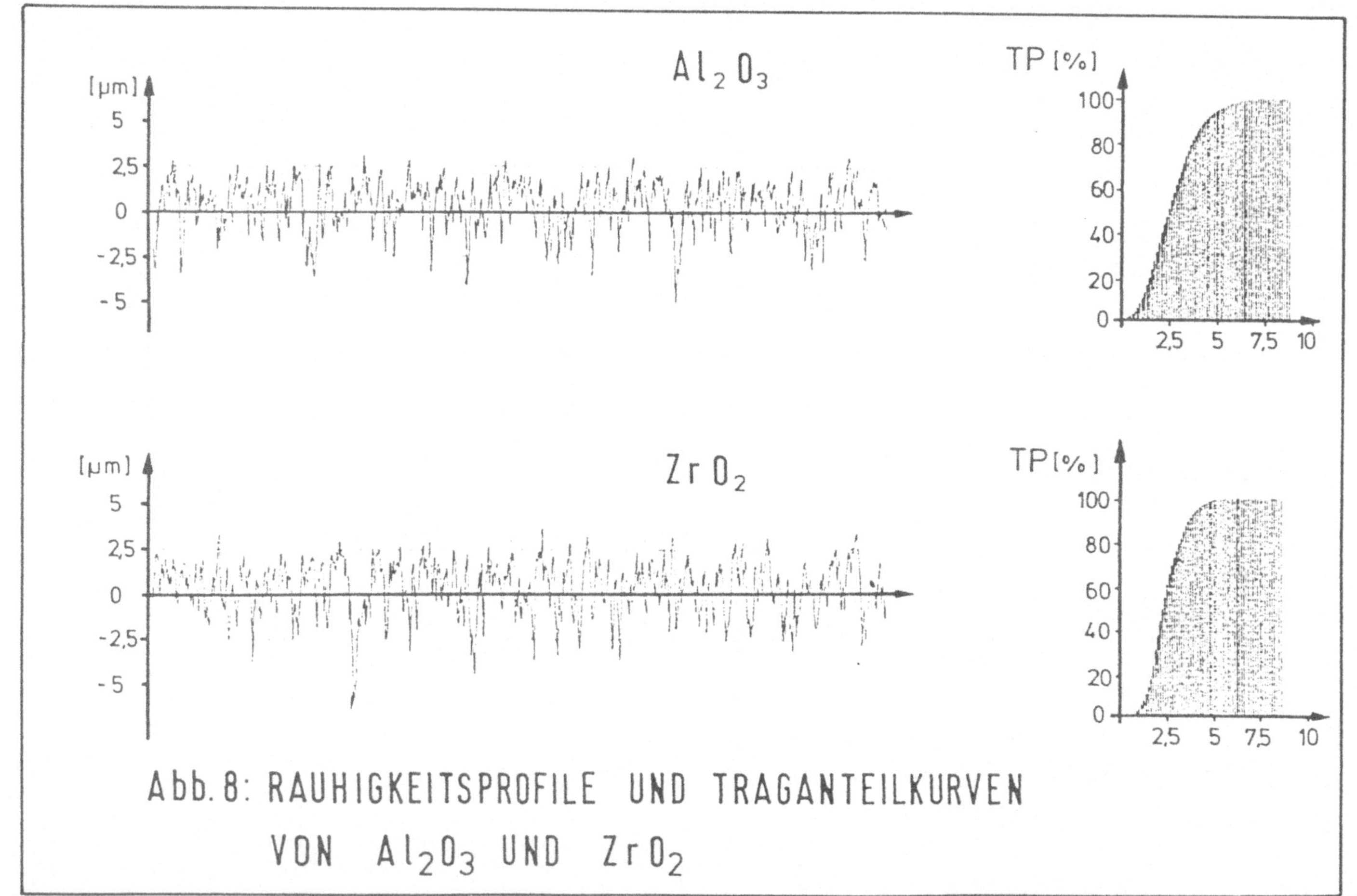

Abb. 8: RAUHIGKEITSPROFILE UND TRAGANTEILKURVEN VON Al$_2$O$_3$ UND ZrO$_2$

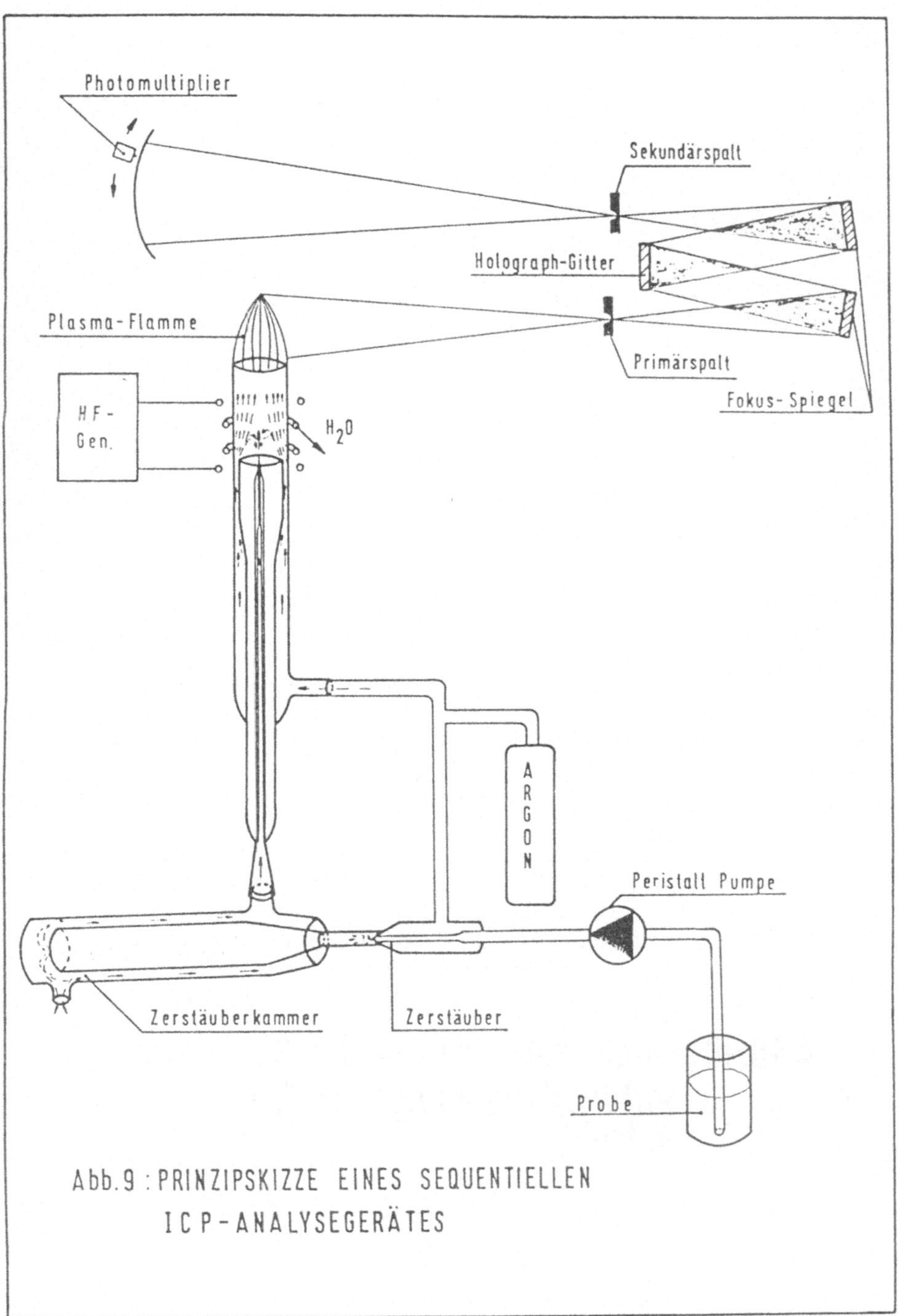

Abb.9 : PRINZIPSKIZZE EINES SEQUENTIELLEN
ICP-ANALYSEGERÄTES

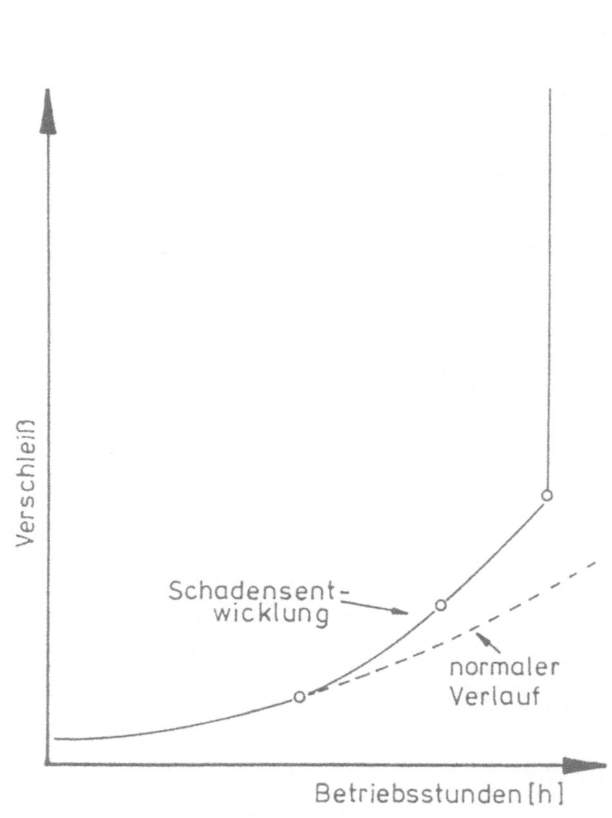

ABB.10 : Allgemeiner Verlauf bei Schadens-
entwicklung infolge von Verschleiß

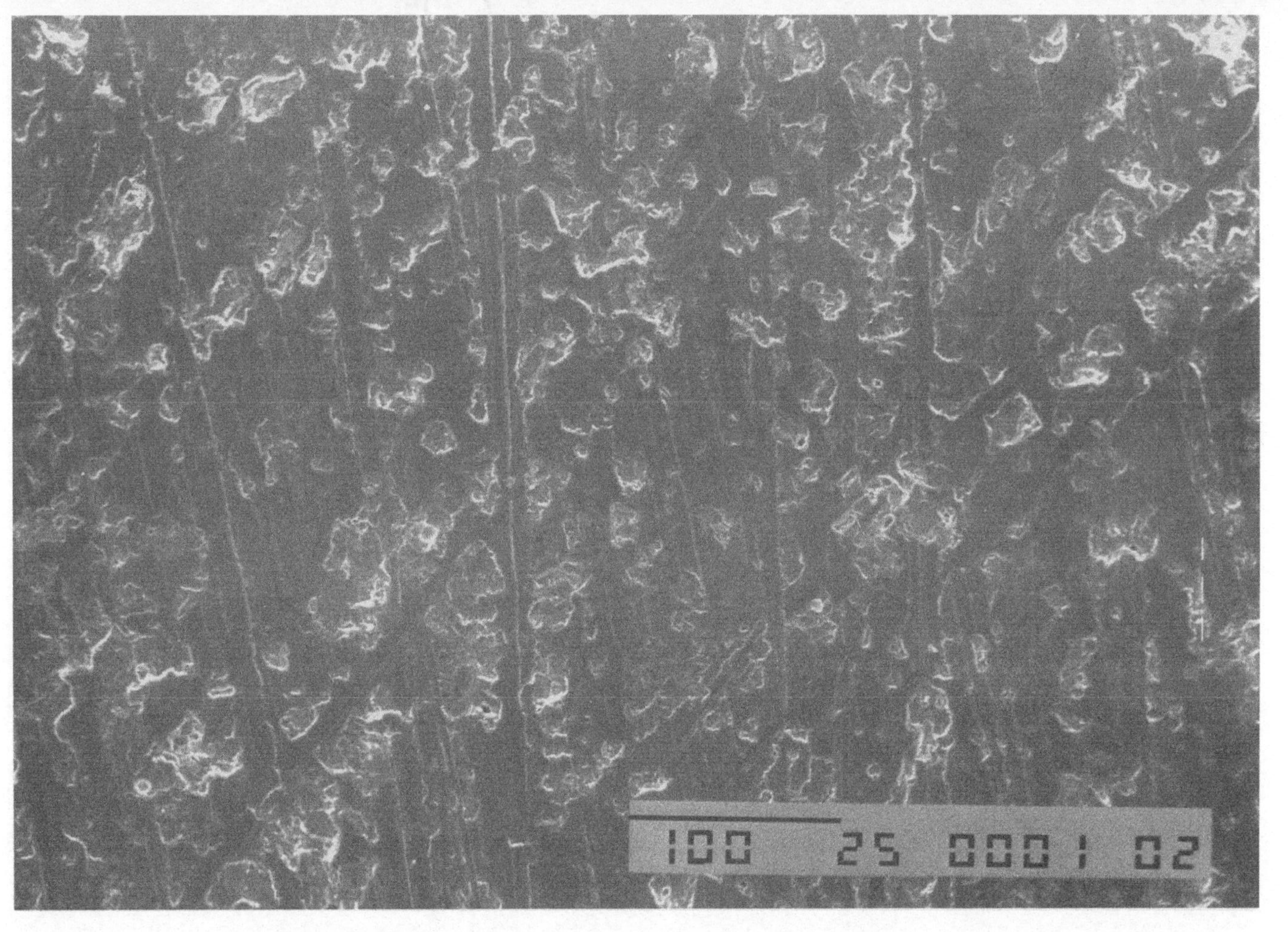

Bild 1

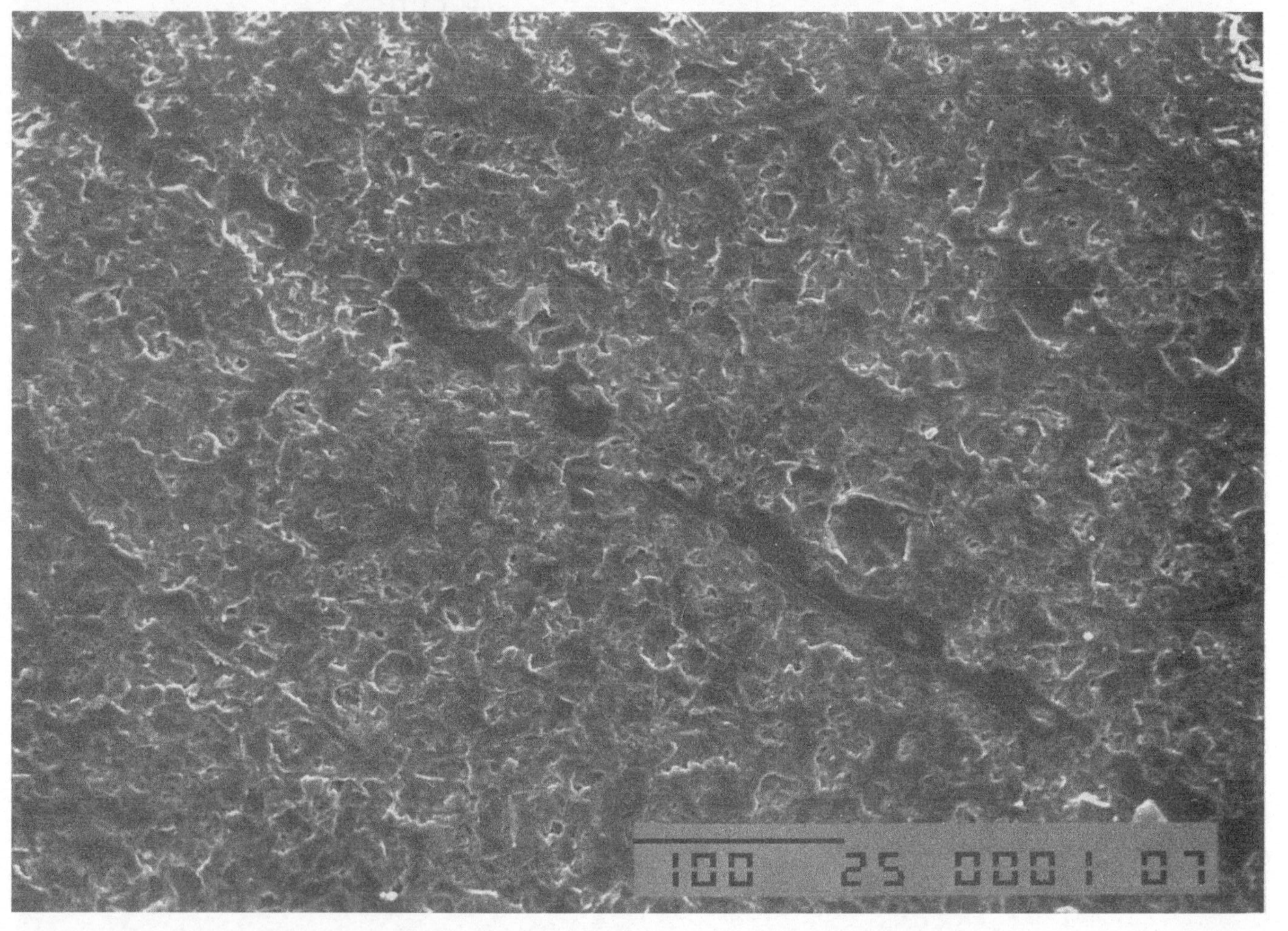

Bild 2

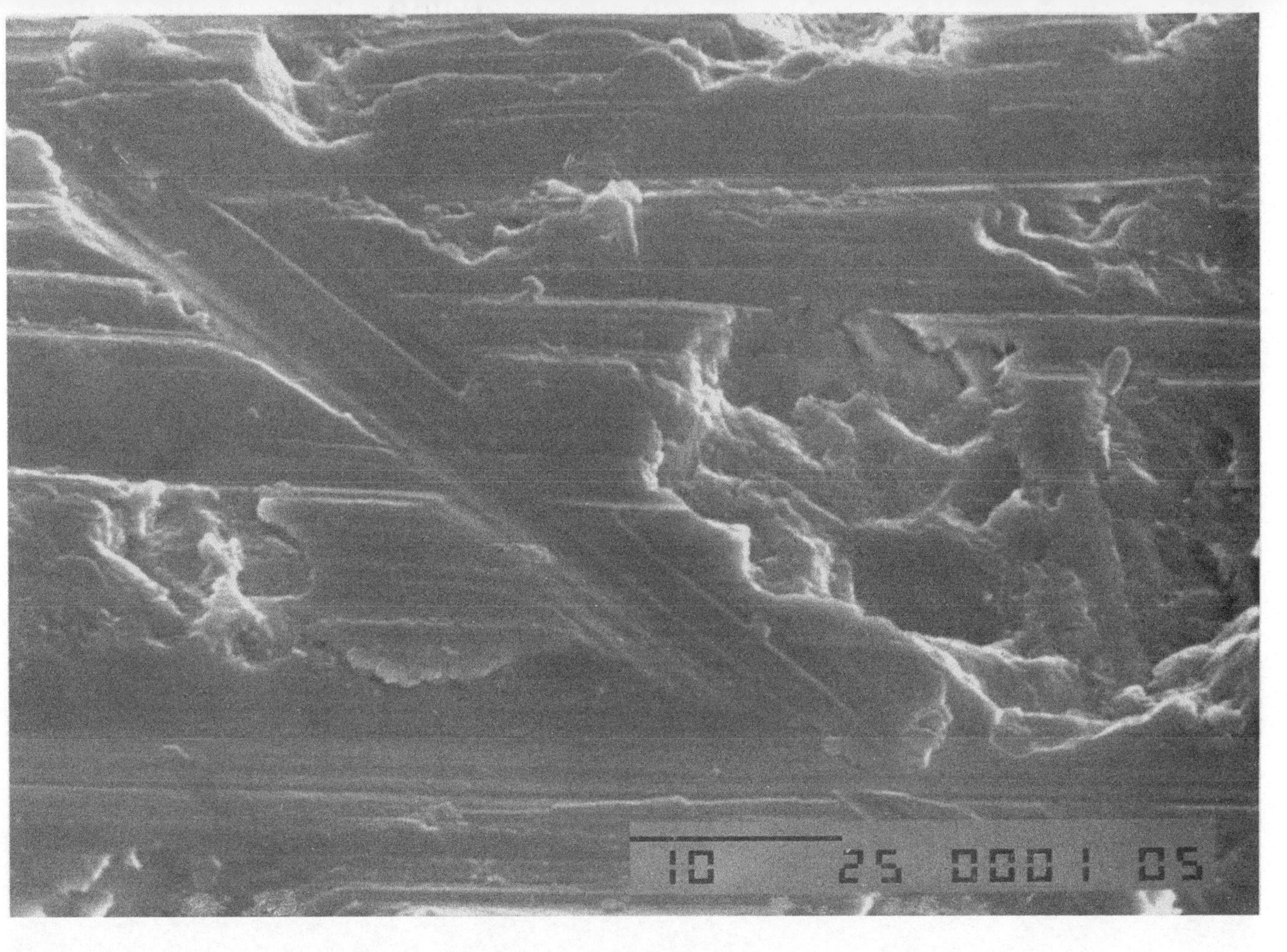

Bild 3

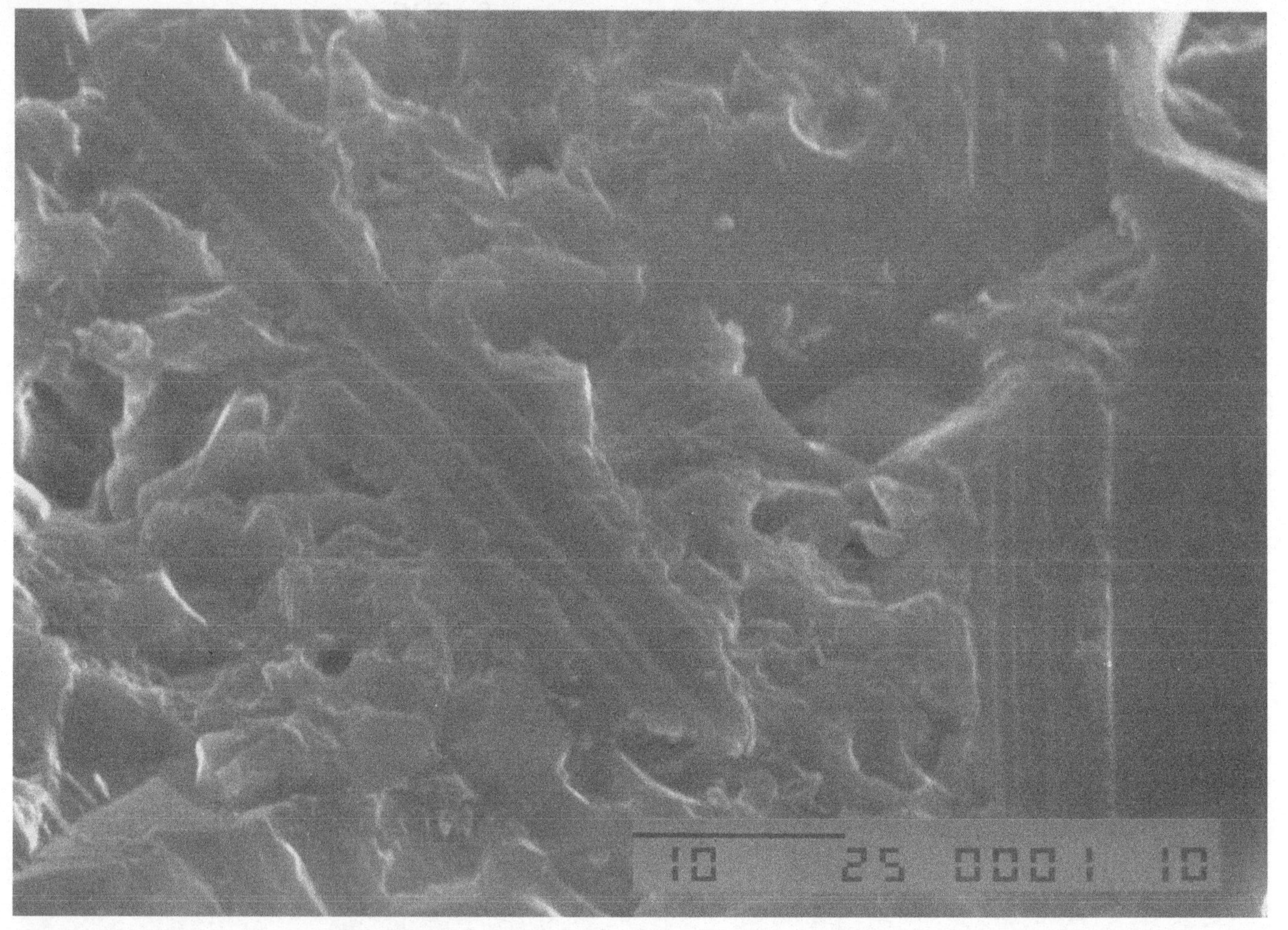

Bild 4

Schmierung keramischer Werkstoffe

von K. D. Aengeneyndt

1) Einleitung

In der Erforschung und Entwicklung geeigneter Schmierstoffe für
keramische Werkstoffe befinden wir uns erst am Anfang. Die Frage:
"Wie sollen optimierte Schmierstoffe zur Reduzierung der Reibung
von Keramikwerkstoffen aussehen?" läßt sich zum gegenwärtigen
Zeitpunkt nicht beantworten. Weder in Veröffentlichungen noch in
der Patentliteratur sind hierüber Erkenntnisse zu finden.

2) Tribologische Aspekte bei keramischen Werkstoffen

Es ist bisher unbekannt, ob die derzeitigen Gesetze der Hydrodyna-
mik oder Elastohydrodynamik aus dem Bereich der konventionellen
Tribologie auch auf dem Bereich der Keramik übertragen werden können. Der Elastizitätsmodul ist neben anderen Parametern eine wesentliche Berechnungsgröße in der Elastohydrodynamik. Diese unterscheidet sich aber bei keramischen Werkstoffen wesentlich von
denen des Stahls oder Graugusses, wie in Bild 1 gezeigt wird (1).
Es ist also davon auszugehen, daß auch unsere bisherigen theoretischen Vorstellungen bei Keramik nicht mehr zutreffen.

Es ist angebracht, die Benetzbarkeit von Keramikteilen (hier
Aluminiumoxyd und Zirkonoxyd) im Vergleich zu konentionellen
Materialien (hier Grauguß 25 und ST 52) zu testen. Die Ergebnisse
gehen aus Bild 2 hervor. Es wurden konventionelle Basisöle auf
Mineraölbasis und ein konventionelles Motorenöl 15W-40 mit synthetischen Produkten verglichen. Maßstab ist der Benetzungswinkel; je
größer der Benetzungswinkel desto schlechter die Benetzbarkeit
(2). Es zeigte sich, daß bei dieser Untersuchungsmethode bei
mineralischen Produkten kein allzu großer Unterschied in der
Benetzbarkeit zu finden ist. Generell kann weiterhin festgestellt
werden, daß Aluminiumoxyd eine bessere Benetzbarkeit hat als
Zirkonoxyd.

Bild 3 zeigt die entsprechenden Benetzungswinkel bei synthetischen
Produkten, und hier ist ein erheblicher Unterschied zu beobachten.
Die beste Benetzbarkeit zeigen das Siliconöl, der Pentra-
Erithritholester und der Komplexester. Aber auch hier ist nicht
Ester gleich Ester, denn der 2-Ethylhexyl-Derimatester weicht
schon erheblich ab. Bei den Polyglykolen hat das Polypropylen-
glykol eine deutlich bessere Benetzbarkeit als Polyethylen-Poly-
propylenglykol mit einem EO-PO-Verhältnis 1 : 1; das reine Poly-
ethylenglykol mit 50 % Wasser versetzt, bringt das schlechteste
Ergebnis. Die Ergebnisse widersprechen bisherigen Erkenntnissen;
eine Interpretation ist daher zum gegenwärtigen Zeitpunkt noch
nicht möglich.

Bisherige Erfahrungen mit Wasser haben bei Aluminiumoxyd-Keramik
eine erhebliche Verschleißreduktion gebracht. Aluminiumoxyd bindet
aufgrund des speziellen Adsorptionsverhaltens der Oberflächen
praktisch alle Flüssigkeiten mit seinem großen Dipolmonent.

Nachstehende Parameter spielen bei der Beschreibung der physikalischen und chemischen Wechselwirkungen eine wesentliche Rolle:

- Temperatur
- Gitterstruktur
- Legierungseffekte
- Oberflächenschichten
- Fehlstellen durch die Bearbeitung.

Im Gegensatz zu metallischen Werkstoffen dominiert bei keramischen
Werkstoffen die ionische oder die kovalente Bindung, wobei die
Übergänge je nach Keramiktyp fließend sind. Daher ist die Neigung
von Zwischenstoffen zur Adhäsion und/oder Reaktion auf Keramikoberflächen wesentlich geringer als bei metallischen Werkstoffen
(3). Bei Reibprozessen müssen daher bei Keramik mit nachstehenden
anders gearteten Eigenschaften gerechnet werden.

- heterogener Gefügeaubau
- geringe Plastizität
- geringe Adhäsionsneigung des Bindungstypes
- niedrigere Wärmeleitfähigkeit
- geringe elektrische Leitfähigkeit
- hohe Härte
- geringe chemische Reaktionsfähigkeit.

3) Schmiersysteme für keramische Bauteile

Nach dem oben Gesagten ist es völlig offen, ob die für Metallsy-
steme optmierten Schmieröle auch bei Keramikbauteilen die für die
Praxis ausreichenden Effekte ausüben werden oder ob völlig neue
Schmierungssysteme entwickelt werden müssen.

Theoretisch kommen folgende in Betracht:

- Flüssigschmierung
- Gasschmierung
- Feststoffschmierung.

Es erhebt sich die Frage, ob Schmierung überhaupt erforderlich
ist, da den keramischen Werkstoffen ein hoher Verschleißschutz
auch im ungeschmierten Zustand zugeschrieben wird. Die Notwendigkeit dürfte sich allerdings ergeben, da die Reibungszahlen bei
Materialpaarungen Keramik/Keramik bis zu 1 gehen können und daher
aufgrund der hohen Verlustleistung nicht tragbar sind.

Im allgemeinen Maschinenbau werden Reibungszahlen zwischen 0,01
und 0,05 angestrebt. Demgegenüber liegen die bei Aluminiumoxyd-
Keramik und anderen Werkstoffen im Trockenlauf und auch unter
Flüssigkeitsschmierung gefundenen Reibwerte zwischen 0,02 und
0,06, wie Bild 4 zeigt (4).

3a) Flüssigschmierung

Günstige tribologische Eigenschaften hat der Schmierstoff Wasser
bei Aluminiumoxyd-Keramik. Schon geringe. Mengen Wasser führen zu
einer völligen Belegung der Keramikoberfläche. Dabei genügt die
normale Luftfeuchtigkeit, die selbst bei 160 ºC noch eine
Schmierwirkung erzielt.

In Kühlwasserpumpen für den PKW- und Nutzfahrzeugbereich wird für
Dichtelemente schon seit längerem mit gutem Erfolg die Material-
paarung Aluminiumoxyd/antimon-imprägnierte Hartkohle eingesetzt.
Das Kühlwasser dient gleichzeitig als völlig befriedigender
Schmierstoff (5).

Andere Autoren bestätigen den günstigen Schmiereffekt von Wasser
auch bei nicht-oxydischen Keramiken (6). Bild 5 zeigt den Einfluß
der Umwelt auf Reibung und Verschleiß. In Gegenwart von destil-
liertem Wasser als Schmierstoff liegen beide Werte relativ
niedrig. Bei inertem Stickstoff dagegen liegen sie relativ hoch.

3b) Konventionelle Schmierstoffe und deren Additive

Konventionelle Schmierstoffe haben unter Versuchsbedingungen bei
Raumtemperatur zu einer deutlichen Reduzierung von Reibungszahl
und Verschleiß geführt (7).

Auch der Einfluß von Schmieröladditiven auf die Reibung von gesintertem Aluminiumoxyd und gesintertem Siliciumkarbid wurde untersucht. Während Aluminiumoxyd ein Ionengitter aufweist, hat Siliciumkarbid ein Diamantgitter mit kovalenter Bindung. Die Oberfläche ist daher unpolar und die adorptive Bindung von Schmierstoffen erfolgt lediglich durch van der Waalsche Kräfte. Es war
daher zu erwarten, daß an Siliciumkarbid aufgrund der unpolaren
Oberflächen Schmierstoffe in geringerem Umfange adsorbiert werden
als bei Aluminiumoxyd.

Die Untersuchungen haben diese Ergebnisse bestätigt (8). In Bild 6
sind die Reibungszahlen der Materialpaarung Aluminiumoxyd/
Aluminiumoxyd bei Schmierungen mit Fettsäuren aufgeführt. Fettsäuren mit sechs oder mehr Kohlenstoffatomen erweisen sich als gute
Grenzschmierstoffe.

Auch Zinkalkyldithiophosphate (ZnDTP) mit unverzweigten Alkylgrup-
pen gleichen denen der entsprechenden Fettsäuren mit gleichen Ket-
tenlängen. Die Reibungszahlen sind nahezu gleich. Die Adorptions-
wirkungen von Fettsäuren und Zinkdithiophosphaten auf Aluminium-
oxydoberflächen sind daher vergleichbar. Ähnliche Effekte kennen
wir von Reibstellen aus Stahl.

Siliciumkarbid dagegen hat eine unpolare Oberfläche und die
adsorptive Bindung von Fettsäuren und Zinkdithiophosphaten war in
allen Variationen ungünstig (Bild 7). Im Gegensatz zu
Aluminiumoxyd spielt die Kettenlänge der benutzten Additve keine
Rolle.

Diese Versuche sind bei Raumtemperatur durchgeführt worden; eine
Übertragung auf Betriebsverhältnisse mit höheren Temperaturen ist
nicht automatisch zulässig.

Ein Beispiel für höhere Temperaturen ist der PKW-Motor. Bei
konventionellem Motorenöl liegt die obere Ölsumpftemperatur bei
etwa 150 ºC; mit synthetischen Schmierstoffen können gerade noch
Ölsumpftemperaturen bis 180 ºC beherrscht werden.

Die höchsten Kolbenringtemperaturen liegen heute bei 240 ºC , in
Ausnahmefällen (Turbo-Diesel) bei 270 ºC. Bei einer Umgestaltung
von Kolben, Kolbenringen, Laufbahn und Ventilführung auf keramische Bauteile werden höhere Temperaturen erwartet, die zu einem
neuen Motorenöltyp führen müssen. Wie diese Motorenöle auszusehen
haben, ist unbekannt.

Schmierpasten für Temperaturen bis 280 ºC sind solche auf Basis
Perfluor-Polyetherölen mit PTFE eingedickt. Da oberhalb 280 ºC der
Perfluor-Polyether verdampft, allerdings rückstandsfrei, ist damit
gleichzeitig auch die obere Einsatztemperatur markiert. Produkte
dieser Art sind auch in der Patentliteratur mehrfach genannt und
auch solche die zusätzlich noch Metalloxyde, Kobaldoxyd, Zinnoxyd
etc. enthalten (9). Ein wesentliches Handicap ist jedoch, daß
diese Art von Schmierstoffen nur auf absolut frei- und ölfreien
Oberflächen aufgetragen werden darf.

3c) Gasschmierung

Ein Ausweg wäre ein Motor mit Gasschmierung, d.h. ohne konventionelle Kühlung und Schmierung. Ein derartiger Motor zeigt Bild 8
(10). Im Gegensatz zur konventionellen Bauweise hat der Kolbenbolzen eine Kugelform und der Kolben besteht aus zwei Teilen, nämlich
separatem Kolbenboden und Kolbenschaft. Der Motor fiel durch einen
Riß im Keramikzylinder aus, verursacht durch einen Thermoschock.

Auch Ford berichtet von einem ringlosen gasgeschmierten 1,6 l 4-
Zylinder-Motor (11), bei dem auf Motorenöl verzichtet wurde. Die
im Motor verwendeten keramischen Bauteile gehen aus Bild 9 hervor.
Ein Gasfeld zwischen Keramikkolben und -zylinder unterstützt den
Kolbenlauf. Über Erfahrungen mit diesem Motor wurde nicht berich-
tet.

Luftgeschmierte Keramiklager haben zu gewissen Erfolgen geführt,
so daß sie in kleinen Stückzahlen in Spindellagerrungen, Flugzeug-
kabinengebläsen und kleinen Turbomaschinen eingesetzt werden. Messungen des Drehmomentenverlaufes in Segmentlagern mit Aluminium-
oxydzapfen und Zirkonoxydsegmenten brachte die in Bild 10 gezeigte
Kurve. Es ist eine typische Stribeck-Kurve mit einem deutlichen
Minimum bei Drehzahlen zwischen 3 500 und 4 500 Upm mit allerdings
relativ hohen Reibmomenten unterhalb dieser Übergangsdrehzahl
(12).

3d) Feststoffschmierung

Keramische Werkstoffe halten sehr hohe Temperaturen aus, so z. B.
Aluminiumoxyd ca. 1 800 ºC, Siliciumkarbid und Siliciumnitrid ca.
2 200 ºC. Schmierstoffe für diesen Temperaturbereich liegen nicht
vor.

Die obere Einsatztemperaturgrenze für Graphit liegt aufgrund
seines Oxydationsverhaltens bei ca. 550 ºC. Siliciumnitrid-
Kugellager mit Graphittrockenschmierung werden versuchsweise bei
Cummins in Turbolader eingebaut (13), jedoch sollen die Reibwerte
bei allen Temperaturen vergleichsweise hoch liegen (14).

Nickelschaum (Cerfoam) ist eine Mischung aus Calciumfluorid und
Bariumfluorid, wobei die Fluoride in die Poren eines Nickelgrund-
werkstoffes eingelagert werden. Dieser Nickelschaum hat sich als
geeigneter Schmierstoff für Keramikgleitlager bei hohen Temperaturen bis 600 ºC erwiesen (15). Aber bei niedrigen Temperaturen
liegt die Verschleißrate etwa 50 mal höher als bei hohen Temperaturen und daher müssen ständig Temperaturen über 260 ºC vorliegen.

Daher gilt auch hier die Einschränkung: Die Verwendungsmöglichkeit
von Festschmierstoffen ist nur begrenzt, da sie nur für höhere und
hohe Temperaturen geeignet sind.

Eine andere Frage ist die Zuführung von Festschmierstoffen. In einem japanischen Patent (16) wird beschrieben, daß eine organisch-
metallische Verbindung, wie z. B. Aluminium- oder Siliciumalkoho-
late präzise nur den jeweiligen Reibstellen zugeführt werden. Aufgrund pyrolytischer und/oder hydrolytischer Reaktionen wandeln
sich diese metallorganischen Verbindungen in Festschmierstoffe um.
Der sich dann bildende Film soll dann erhebliche reibwert- erenied-
rigende Effekte und hohe Haltbarkeit aufweisen.

Literatur

1) H. Gläser und W. Lori
   Keramik als Konstruktionswerkstoff
   Zeitung Schmierungstechnik, Berlin, 17 (1986) Nr. 4 S. 100 -
   105

2) C. Weser
   Die Messung der Grenz- und Oberflächenspannung von
   Flüssigkeiten.
   GIT, Fachzeitschrift für das Laboratorium 24 (1980) S. 642 -
   648 und 734 - 742

3) D. Klaffke
   Reibung von Paarungen "Keramik/Keramik" und "Keramik/Metall"
   VDI-Berichte 600.3 S. 105 - 120

4) E. Dörre
   Eigenschaften, Einsatz und Anwendungsgrenzen keramischer
   Lagermaterialien
   Int. Yearboock Tribology, Ed. Bartz 1982 S. 275 - 280

5) D. Fingerle
   Verschleiß- und Reibungsminimierung durch Einsatz keramischer
   Bauteile in Hubkolbenmotoren
   VDI-Tagung Baden Baden 1985

6) H. Ishigaki, J. Kawaguchi; M. Iwasa u. Y. Toibana
   Friction and Wear of Hot Pressed Silicon Nitride and Other
   Ceramics.
   ASME Transactions 108 (1986) S. 514 - 521

7) H. M. Dalal, Y. P. Chiu und E. Rabinowicz
   Evalution of Hot Pressed Silicon Nitride as a Rolling Bearing
   Material
   ASLE Transactions 18 (1975) S. 211 - 221

8) P. Studt
   Influence of Lubricating Oil Additives on Friction of Ceramics
   Under Conditions of Boundary Lubrication
   Wear 115 (1987) S. 185 - 191

9) Japan Patent JP 61261396
   Sliding Material Having Good Friction Characteristics.
   Contains Polymer(s) e.g. Polyvinylidene Fluoride, Compound
   Metalloxide and PTFE

10) S. G. Timoney, M. H. Farmer u. D. A. Parker
    Towards a Commercially Viable No-Coolant Engine
    Ind. Lubrication and Tribology 39 (1987) Nr. 6 S. 208 - 215

11) W. Schnabel
    Keramikteile im Dieselmotor von Ford
    MTZ Motortechnische Zeitschrift 47 (1986) Nr. 12 S. 501 - 502

12) J. Glienicke
Keramiklager für extreme Betriebsbedingungen
Jahresbericht 1986 des Instituts für Keramik im Maschinenbau,
Universität Karlsruhe

13) M. Woydt und K.H.Habig
Technisch-physikalische Grundlagen zum tribologischen
Verhalten keramischer Werkstoffe
Forschungsbericht 133 (1987) der Bundesanstalt für
Materialforschung und -prüfung, Berlin

14) D.J. Godfrey und P. G. Taylor
Inorganic Non-Metallic Bearings, with Special Reference to
Silicone-Nitride
Special Ceramics Vol. 4 (1967) July S. 265 - 274

15) B. Longson
Lubrication of High Temperature Ceramic Materials
Tribology Int. Vol. 16 (1983) Nr. 4 S. 221 - 225

16) Japan Patent Nr. 570 78494
Forming Lubricating Film on Surface of Metal, Ceramic or
Polymer - by pyrolytic Reaction and opt. Hydrolytic Reaction
of Organo-Metallic Componets

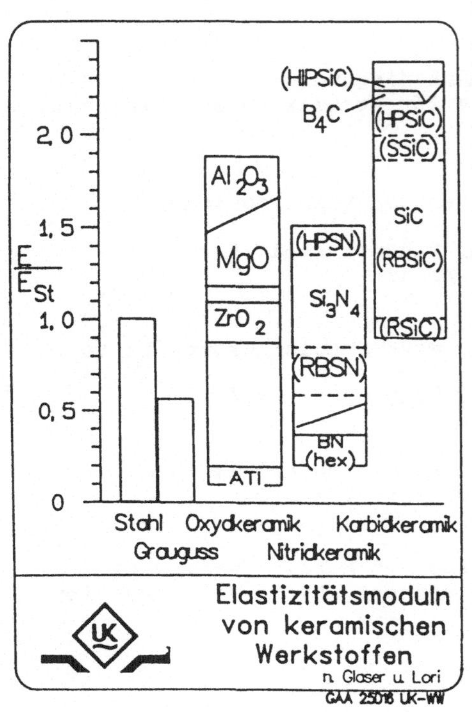

Bild 1

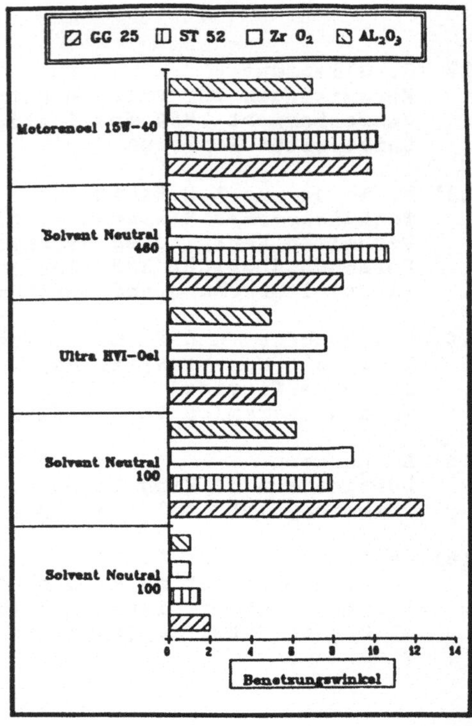

Bild 2

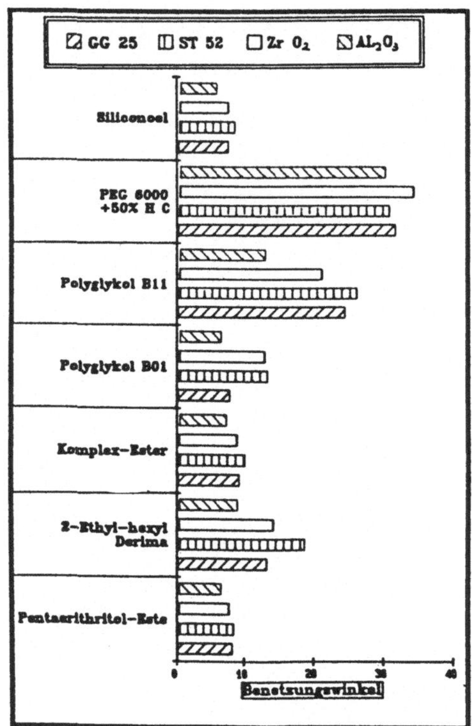

Bild 3

Reibungsart bzw. Gleitmittel	Werkstoffpaarung	Gleitgeschw. [m/min]	Reibungskoeffizient
Trockene Reibung an der Luft mit 65% relativer Feuchtigkeit	Al_2O_3/Al_2O_3	30	1,09
	" "	60	1,06
	$Al_2O_3/Graphit$	30	0,34
	" "	60	0,34
	$Al_2O_3/St.C45$	30	0,85
	" "	60	0,76
	" "	270	0,55
Wasser	Al_2O_3/Al_2O_3	30	0,06
	" "	180	0,03
Gleitöl	Al_2O_3/Al_2O_3	30	0,06
	" "	60	0,02
Gleitöl	$Al_2O_3/St.C45$	30	0,10
	" "	60	0,09

nach W.Stannek

Reibverhalten von Aluminiumoxid und anderen Werkstoffen

GAA 25D12 UK-WW

Bild 4

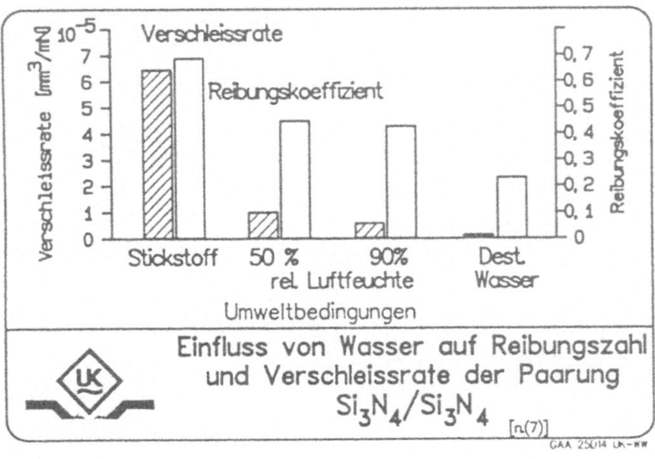

Einfluss von Wasser auf Reibungszahl und Verschleissrate der Paarung Si_3N_4/Si_3N_4 [n(7)]

GAA 25D14 UK-WW

Bild 5

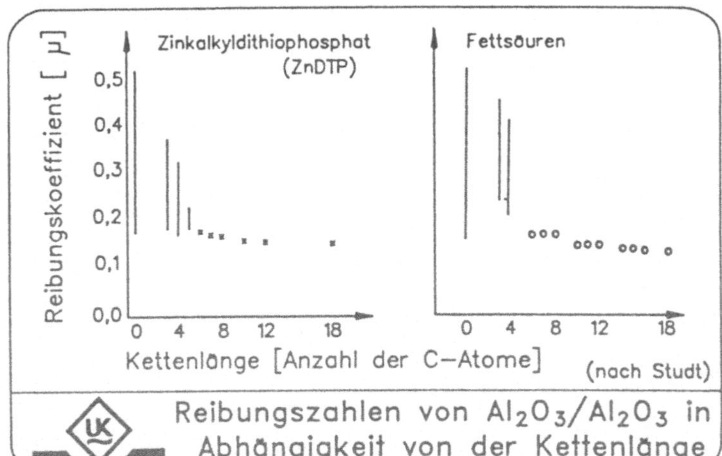

Bild 6

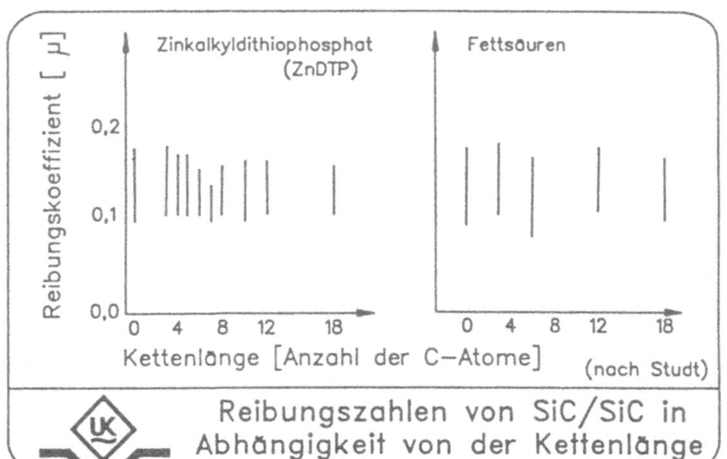

Bild 7

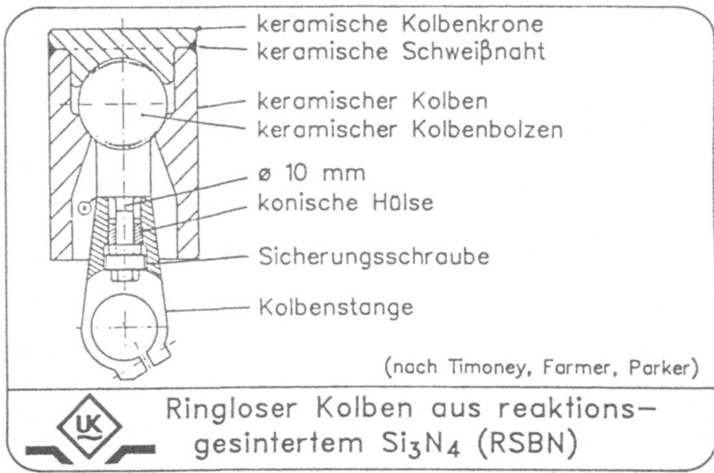

Bild 8

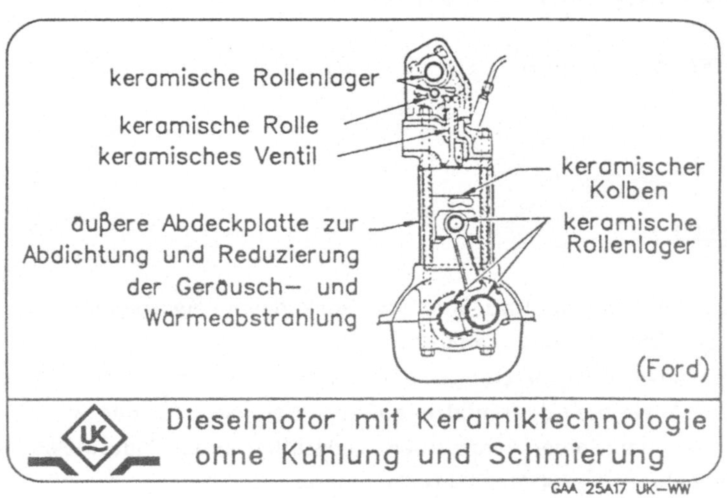

Bild 9

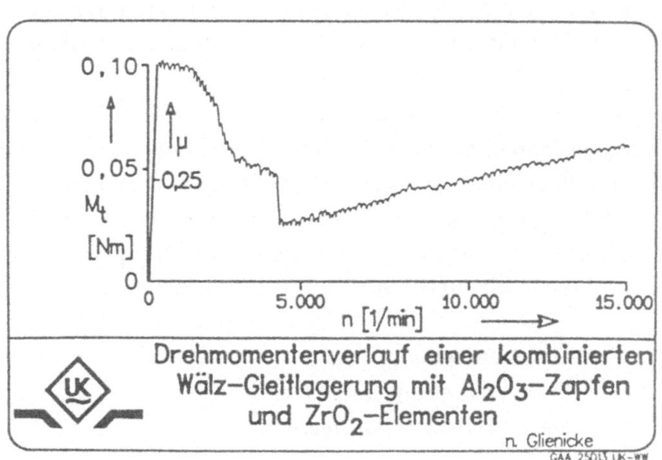

Bild 10

Bearbeitung von Keramik

von G.Spur, E. Uhlmann

1   Einleitung

Die rasche Entwicklung der Hochleistungskeramik, deren hervorragende elektrische, mechanische, chemische und thermische Eigenschaften sie für einen immer weiter gefächerten Anwendungsbereich geeignet erscheinen lassen, führte zu einem exponentiellen Anwachsen des Umsatzes auf dem Weltmarkt. Für das Jahr 2000 wird den technisch interessanten keramischen Werkstoffen in den Industrieländern ein Marktpotential von etwa 50 Mrd. US-Dollar prognostiziert /1/.

Befindet sich die Anwendung keramischer Bauteile im Motorenbau heute noch in einem Anfangsstadium, so wurden in der Vergangenheit speziell im Bereich der Verfahrenstechnik, der Werkstoffbearbeitung, der Hochtemperaturtechnik, des Maschinenbaus und in zunehmendem Maße auch in der Medizintechnik hochbeanspruchte metallische Bauteile von keramischen substituiert. Dieser Substitutionsprozeß beschleunigte sich in den letzten Jahren deutlich. Von besonderem Interesse sind dabei die unterschiedlichen Modifikationen der Keramiken auf Oxid- und Nichtoxidbasis.

Im Hinblick auf die Funktionserfüllung der Bauteile stellt sich die Frage nach geeigneten Bearbeitungsverfahren, da die geforderte Komplexität und Genauigkeit der Funktionsflächen im allgemeinen beim urformenden Herstellungsprozeß keramischer Bauteile nicht erreicht werden kann. Aus diesem Grund ist in mehreren Stufen des Fertigungsprozesses eine spanende oder abtragende Bearbeitung notwendig. In Abhängigkeit vom Produktionsablauf läßt sich die trennende Fertigung in die

> - Grünbearbeitung,
> - Weißbearbeitung und
> - Nach-, End- oder Hartbearbeitung

unterteilen /2, 4, 5/.

2   Grün- und Weißbearbeitung

Die Grün- und Weißbearbeitung dient der Erzeugung komplexer, endformnaher Werkstückformen aus einfachen Vorkörpern, die durch Pressen, Strangpressen, isostatisches Pressen, Spritzgießen oder Schlickergießen entstanden sind. Die Grünbearbeitung erfolgt direkt im Anschluß an die Formgebung vor dem Brand. Als Weißbearbeitung ist die Bearbeitung eines nach einem Vorbrand verfestigten Bauteils, dessen Brennschwindung jedoch noch nicht abgeschlossen ist, definiert /4, 5/. Die Nach-, End- oder Hartbearbeitung ist die trennende Fertigung der endgültig gebrannten (gesinterten) Keramiken (<u>Bild 1</u>).

Als Fertigungsverfahren können bei der Grün- und Weißbearbeitung alle spanenden Verfahren mit geometrisch bestimmter und geometrisch unbestimmter Schneide eingesetzt werden. Hier sind vor allem die Verfahren Fräsen, Bohren, Drehen, Sägen und Schleifen zu nennen. Es werden aufgrund der stark abrasiven Wirkung des Werkstoffes und der Abspanprodukte vorwiegend PKD-Werkzeuge und Diamantschleifscheiben eingesetzt /2/. Die geringe Festigkeit der Grün- und Weißlinge wirft Probleme beim Transport, bei der Handhabung und beim Spannen auf. Deshalb wird die Grün- und Weißbearbeitung ausschließlich von der keramikverarbeitenden Industrie durchgeführt, ist also für den Anwender keramischer Bauteile von geringem Interesse.

Die hohe Empfindlichkeit der Werkstücke und die abrasiv wirkenden Abspanprodukte, die teilweise elektrisch leitend sind, wirken sich auf die Maschinenkonzeptionen aus. Folgende Forderungen lassen sich daraus für Werkzeugmaschinen ableiten:

    - Bearbeitung der Grün- beziehungsweise Weißlinge in einer Aufspannung,
    - den Grün- und Weißlingen angepaßte Spannsysteme,
    - Kapselung von Führungen, Lagern, elektronischen Baugruppen,
    - Schrägbettbauweisen,
    - Absauganlagen.

3   Nachbearbeitung

Durch den Brand nach der Formgebung schwindet das Bauteil unter gleichzeitigem Verzug. Aus diesem Grund müssen in der Regel 70% bis 80% aller gefertigten Keramikbauteile nachbearbeitet werden. Der dabei enstehende Kostenaufwand beträgt beispielsweise bei der Nachbearbeitung oxidkeramischer Schneidwerkzeuge 60% bis 70% der Gesamtherstellungskosten, da die erwünschten guten Eigenschaften der Keramik, wie hohe Härte und Verschleißfestigkeit eine kostengünstige Bearbeitung verhindern /6/. Die Nachbearbeitung wird mit dem Ziel

    - einer Verbesserung der Oberflächengüte gemäß den Anforderungen an das Bauteil,
    - einer Verbesserung der Form- und Maßgenauigkeit sowie

- der Beseitigung von in der Randzone enthaltenen Werkstoffehlern zur
  Erhöhung der Bauteilfestigkeit

durchgeführt /3/.

Oben erwähnte Eigenschaften von keramischen Werkstoffen sowie die fehlende Duktilität machen spanende Feinbearbeitungsverfahren oder einige wenige Sonderverfahren zwingend. Häufig angewandte Feinbearbeitungsverfahren sind das Schleifen, das Honen und das Läppen. Bei den Sonderverfahren sind das Lasertrennen und in Ausnahmefällen die Funkenerosion (z.B. bei SiSiC) zu nennen (<u>Bild 2</u>).

Bei der Verwendung von Metall-Keramik-Verbundwerkstoffen wie beispielsweise Aluminiumlegierungen/Aluminiumtitanat und Stahl/Zirkonoxid werden Versuche unternommen, diese Werkstoffpaarungen auch durch Fräsen zu zerspanen.

In <u>Bild 3</u> sind die mit dem jeweiligen Bearbeitungsverfahren erreichbaren Toleranzen und Oberflächengüten zusammengestellt /3/. Wesentlich tragen neben dem Werkstoff selbst auch die Maschinensteifigkeit, die Kühlschmierbedingungen, der Aufbau und die Art der Werkzeuge sowie die Einstellparameter zum Ergebnis bei.

Die Oberflächengüte, die mit den Rauhheitskenngrößen, wie arithmetischer Mittenrauhwert R_a, Glättungstiefe R_p und gemittelte Rauhtiefe R_z charakterisierbar ist, wirkt sich auf die Bauteilfestigkeit aus. Aus besseren Oberflächenqualitäten resultieren im allgemeinen bei der einstufigen Bearbeitung eine höhere Lebensdauer und bessere Festigkeitskennwerte der Bauteile mit kleineren Streubreiten, deren Betrag im Weibull-Modul zum Ausdruck kommt. Bessere Oberflächengüten sind jedoch keine Garantie für höhere Festigkeitskennwerte /7/. Es kann kein funktionaler Zusammenhang zwischen der Oberflächengüte und dem Betrag der Bauteilfestigkeit gefunden werden, da bedingt durch den durch Mikrobruch gekennzeichneten Spanbildungsmechanismus und der fehlenden Plastizität der Keramiken, die während der Bearbeitung mehr oder weniger induzierten lateralen, longitudinalen und radialen Risse die mechanischen Eigenschaften signifikant herabsetzen /2, 3, 4, 7/. Der Wahl der Bearbeitungsverfahren und der Verfahrensparameter kommt im Hinblick auf die Schadensminimierung in der Randzone besondere Bedeutung zu.

Die Bauteilfestigkeit wird aber zudem unabhängig vom Bearbeitungsverfahren, von Werkstoffehlern in der Oberflächenrandzone und von Volumenfehlern sowie vom Aufbau des Gefüges beeinflußt (<u>Bild 4</u>). Im Anwendungsfall hängt die Bauteilfestigkeit auch von der Beanspruchungsrichtung ab. Wird z.B. ein geschliffenes Werkstück einer senkrecht zur Bearbeitungsrichtung weisenden Zugbelastung ausgesetzt, ist die Bruchfestigkeit niedriger als bei paralleler Belastung /7/.

3.1 <u>Schleifen</u>

Das Schleifen bietet die Möglichkeit zum einen hohe Zerspanleistungen zum anderen qualitativ hochwertige Oberflächen zu realisieren. Daher nimmt das Schleifen den höchsten Stellenwert unter den Nachbearbeitungsverfahren ein. Die mechanischen Eigenschaften der Keramiken machen den Einsatz von Diamantschleifscheiben notwendig, da auch eine Bearbeitung mit CBN-Schleifscheiben wirtschaftlich nicht vertretbar ist. <u>Bild 5</u> zeigt die unterschiedlichen Einflußfaktoren, die sich auf die Bearbeitbarkeit nichtoxidkeramischer Werkstoffe durch Schleifen auswirken. Neben mechanisch steifen und thermisch stabilen Maschinen mit geschützten Führungen und Lagern sowie integrierten Abricht- und Schärfeinheiten werden genaue Schleifscheibenaufnahmen, keramikgerechte Spannsysteme, angepaßte Kühlschmiersysteme und -aufbereitungsanlagen notwendig.

Das Heraustrennen von Rohteilen aus größer dimensioniertem Grundmaterial erfolgt häufig durch Trennschleifen. Hierbei kann nach der Art der Diamantschleifscheiben zwischen dem Trennen mit Umfangsscheibe und dem ID-Trennschleifen, das gebräuchlicherweise als Innenlochsägen (Internal Diameter Saw) bezeichnet wird, unterschieden werden.

Die Trennbearbeitung mit Umfangsscheiben wird vorwiegend im Pendel- oder Einstechverfahren unter Verwendung von kunstharzgebundenen Schleifscheiben durchgeführt, da der Scheibenverschleiß und die Schnittzeit gegenüber bronzegebundenen Trennscheiben reduziert werden kann. Beim Trennen von SiSiC führten Schnittgeschwindigkeiten unter 30 m/s zu guten Ergebnissen. Bei der Bearbeitung von hochreinem Aluminiumoxid werden Schnittgeschwindigkeiten von nur 20 m/s angewandt. Heißgepreßtes Siliziumnitrid ist wirtschaftlich mit hohen Schleifscheibenumfangsgeschwindigkeiten (30 m/s bis 45 m/s) unter Verwendung von Scheibensätzen und einer Hochdruckspülung zu trennen /3, 8, 9, 10/. Üblicherweise kann den gestellten Bearbeitungsanforderungen durch Korngrößen von D107 und D151 in den Konzentrationen C38 und C75 Rechnung getragen werden. Steht das Zeitspanvolumen im Vordergrund wird die größere Körnung bevorzugt. Ist die Oberflächengüte der qualitätsbestimmende Faktor, finden kleine Korngrößen Anwendung.

Für die hochgenaue Trennbearbeitung von zumeist stabförmiger Substratkeramik und Halbleitermaterialien hat sich das ID-Trennschleifen als vorteilhaft erwiesen. Bei der ID-Trennschleifscheibe handelt es sich um ein 0,1 mm bis 0,15 mm dickes Kernblech. Die mehrschichtig nickelgebundene Diamantkörnung befindet sich am Innendurchmesser des Kernbleches. Eine Belagbreite von etwa 0,3 mm gewährleistet einen extrem geringen Verschnitt, der sich vor allem bei den teuren Halbleitermaterialien in Wirtschaftlichkeitsbetrachtungen positiv niederschlägt. Mit Spann- und Druckringen werden die dünnen Kernbleche radial vorgespannt. Damit wird die notwendige

Steifheit der Werkzeuge erreicht. Der im Kappschnitt mit Schnittgeschwindigkeiten bis 26 m/s und Vorschubgeschwindigkeiten bis etwa 3 mm/s durchgeführte Trennvorgang liefert Schnittqualitäten, die mit anderen Verfahren bis heute noch nicht realisierbar sind /11/. Hinsichtlich der Bearbeitung von Hochleistungskeramiken sind derzeit noch keine Veröffentlichungen bekannt. Es kann jedoch erwartet werden, daß nach einer weiteren Optimierung von Maschine, Werkzeug und der Beherrschung des Arbeitsprozesses dieses Verfahren wirtschaftlich im Bereich der Keramikbearbeitung eingesetzt werden kann.

Plan- und Rundschleifverfahren werden zur Fertigung von tolerierten ebenen und zylindrischen Funktionsflächen verwendet, die den Hauptbearbeitungsfall an keramischen Bauteilen darstellen. Zunehmende Bedeutung gewinnt in diesem Zusammenhang auch das Profilschleifen. Als Schleifwerkzeuge kommen beim Planschleifen Diamanttopf- und Umfangsscheiben in Betracht. Während mit Topfscheiben weitestgehend ebene Flächen bearbeitet werden, können mit Umfangsscheiben neben ebenen Flächen auch Nuten und Profile entweder im Pendel- oder Tiefschliff erzeugt werden. Das Tiefschleifen wird im allgemeinen bei der Profilbearbeitung wegen der besseren Formhaltigkeit der Schleifscheibe bevorzugt, jedoch treten höhere Prozeßtemperaturen und Kräfte verglichen mit dem Pendelschleifen auf.

In Abhängigkeit von der Keramikart lassen sich optimale Schnittgeschwindigkeiten hinsichtlich des Verschleißverhaltens der Diamantscheiben angeben. Sie liegen beim Trockenschliff ebener oxidkeramischer Flächen für Topfscheiben zwischen $v_c = 12$ m/s und 18 m/s, während sich beim Naßschliff erhöhte Schnittgeschwindigkeiten von $v_c = 18$ m/s bis 27 m/s als günstig erwiesen haben /12/. Ähnliches Verhalten zeigen Umfangsscheiben bei der Schleifbearbeitung von Oxidkeramiken, deren Schnittgeschwindigkeitsoptimum in einem Bereich von $v_c = 12$ m/s bis 20 m/s liegt /13/. Nach Tio /2/ ist die Schnittgeschwindigkeit zur Verbesserung des Arbeitsergebnisses beim Schleifen nichtoxidkeramischer Werkstoffe durch die auftretenden höheren Temperaturen in der Wirkzone begrenzt. Prinzipiell führen größere Kontaktlängen bei der Schleifbearbeitung ebenso zu höheren Prozeßtemperaturen. Daraus könnte geschlossen werden, daß die optimalen Schnittgeschwindigkeiten für die durch unterschiedliche Kontaktlängen gekennzeichneten Schleifverfahren wie Außenrund-, Innenrund-, Planpendel- und Tiefschleifen verschieden sein müssen /2/.

Die Spezifikation der Diamantschleifscheiben muß abhängig vom Bearbeitungsfall ausgewählt werden, wobei nach Kessel /14/ mit den Korngrößen D126 und D91 und der Konzentration C75 durchschnittlich gute Ergebnisse erbracht wurden. Einen besonderen Stellenwert nimmt bei der Schleifscheibenkonditionierung das Schärfen ein. Wird die Schleifscheibe mit zu großem Schärfzeitspanvolumen geschärft, tritt in der Anfangsphase der Schleifbearbeitung ein hoher Anfangsverschleiß mit anschließendem linearem Verlauf auf. <u>Bild 6</u> zeigt die erreichbaren Schleifverhältnisse G in Abhängigkeit vom Schärfzeitspanvolumen. Wird die Scheibe nicht geschärft ist zwar die Schleifscheibenabnutzung am geringsten, jedoch treten bedingt durch zu kleinen Spanraum unzulässig hohe Kräfte auf. Sie verursachen zum einen Werkstoffschädigungen zum anderen verminderte Genauigkeiten /3/. Als optimal können Schärfzeitspanvolumen von $Q_{Sb} = 1$ mm³/mms bis 3 mm³/mms für die untersuchten Scheiben angesehen werden.

Mit dem Ziel die Bearbeitungskosten und -zeit zu senken, wird eine Steigerung des Zeitspanvolumens angestrebt. Aus diesem Grund sind die Auswirkungen erhöhter Zeitspanvolumen von besonderer Bedeutung. Beim Tiefschleifen von HPSN mit einer kunstharzgebundenen Diamantschleifscheibe führt eine Erhöhung des bezogenen Zeitspanvolumens Q_W von 2,5 mm³/mms auf 5 mm³/mms nach einer Einschleifphase zu verringerten bezogenen Normalkräften (<u>Bild 7</u>). Ausgehend von einer identischen Schleifscheibentopographie nach dem Abrichten kommt es zunächst bei der Bearbeitung mit größeren Zeitspanvolumen zu geringfügig höheren bezogenen Normalkräften, die auf einen Anstieg der Belastung je Schneide aufgrund erhöhter Vorschubgeschwindigkeiten zurückzuführen sind. Im weiteren Prozeßverlauf treten dann zum einen durch geringere Veränderungen der Schleifscheibentopographie im Prozeßverlauf, zum anderen durch kleinere Kontaktzeiten und somit Belastungszeiten der Einzelschneide, reduzierte Schleifnormalkräfte auf. Dies muß jedoch durch weiterführende Topographieuntersuchungen noch erhärtet werden.

Die Oberflächengüte ist sowohl vom Gefüge des Werkstoffes, der Spezifikation der Schleifscheibe als auch geringfügig von den Einstellbedingungen abhängig. Der Einfluß des Werkstückstoffes ist in <u>Bild 8</u> dargestellt /15/. Darüber hinaus verursachen kleinere Korngrößen geringere Rauhheiten.

Beim Innenrundschleifen werfen die kleineren Schleifscheiben und die schlanken, auskragenden Schleifdorne Probleme auf. Die großen Kontaktlängen führen zu erheblichen Beanspruchungen, die sich in Formabweichungen und Deformationen bemerkbar machen. Dieser Sachverhalt schlägt sich in der Anwendung von Schleifscheiben mit hohen Kornkonzentrationen, die zwischen C100 und C200 liegen nieder. Ein Vergleich von Innenrund- und Außenrundschleifen zeigt, verursacht durch die kleineren Kontaktlängen und die geringeren Schnittzeiten- und -wege beim Außenrundschleifen, daß sowohl kleinere Schleifkräfte und Temperaturen in der Wirkzone auftreten, als auch geringerer Schleifscheibenverschleiß bei sonst identischen Bedingungen entsteht. Die bessere Oberflächenqualität beim Innenrundschleifen ist auf die kleineren momentanen Spanungsdicken und eine größere Überdeckung der Schleifspuren zurückzuführen /16/.

Ein weiteres Verfahren, das definitionsgemäß eher dem Schleifen als dem Läppen zuzuordnen ist, ist die Bearbeitung mit diamantbesetzten Läppscheiben auf

Läppmaschinen. Verwendung finden zum einen galvanisch mit Diamant belegte Läppscheiben, zum anderen imprägnierte Schleifbeläge mit Bronze- oder Kunstharz- bindung. Besonders vorteilhaft sind die aus der Glasbearbeitung bekannten Diamant- Pelletwerkzeuge zu nutzen. Beim Schleifen von Piezokeramik wiesen die Werkzeuge beim Vorschleifen bronzegebundene Diamantpellets der Korngrößen D76 bis D126 und D25 beim Feinschleifvorgang auf, mit denen beim Vorschleifen eine Abtrags- geschwindigkeit von 2 mm/min erzielt wurde. Während des Feinschleifvorganges wird eine 5 %-ige Läppemulsion zur Kühlung verwendet. Die erzielbare Oberflächengüte betrug $R_a < 0,3$ µm. Dichtscheiben aus Al_2O_3 können ebenfalls auf Doppelscheiben- läppmaschinen mit diamantbesetzten Läppscheiben mit gutem Erfolg geschliffen werden. Nach dem Vorschleifen mit Korngrößen von 126 µm konnten Oberflächen- kennwerte für R_a von 0,8 µm bis 1 µm gemessen werden. Das anschließende Fein- schleifen mit "kunstharzgebundenen Läppscheiben"der Korngröße D25 lieferte Kennwerte für R_a von 0,3 µm bei einer Planparallelität der Scheiben von < 1 µm /17/.

3.2 <u>Honen</u>

Das Honen keramischer Werkstoffe wird in Zukunft an Bedeutung gewinnen, da mit diesem Verfahren die für das Schleifen schwierig zu bearbeitenden langen und kleinen Bohrungen mit hoher Oberflächengüte technisch und wirtschaftlich günstig zu erzeugen sind.

Das Auftreffen des Honwerkzeuges auf Härtezonen in der Keramik kann Ausbrüche verursachen. Deshalb ist eine genaue Abstimmung der Einstellgrößen, Anpreßdruck und Schnittgeschwindigkeit für jede Werkzeug/Werkstoff-Kombination notwendig. In der Regel liegen die Schnittgeschwindigkeiten beim Honen keramischer Werkstoffe mit Diamanthonleisten etwa 30% unter den Schnittgeschwindigkeiten, die in der Stahlbearbeitung mit Siliziumkarbid anzutreffen sind. Ein Kennzeichen der Honbear- beitung von Keramiken sind geringere Schnittkräfte verglichen mit dem Innenrund- schleifen. Mit Honwerkzeugen (Diamantkorngrößen von 20 µm bis 40 µm mit kerami- scher Bindung) können beim Honen (Schmiermittel: Synthetik-Öl) von Zirkonoxid Mittenrauhwerte unter $R_a = 0,15$ µm (<u>Bild 9</u>), bei Aluminiumoxid Werte von $R_a = 0,3$ µm erreicht werden /3/.

Metallgebundene Diamanthonleisten verursachen verbesserte Oberflächenqualitä- ten und lassen sich zudem mit bakelitgebundenen Siliziumkarbidschleifscheiben pro- filieren und schärfen /3/.

3.3 Läppen

Plan-, Rund-, Wälz-, Profil- und Kugelläppverfahren sind geeignet, keramische Bauteile dann nachzubearbeiten, wenn die geforderten Oberflächengüten durch Schleifverfahren alleine nicht mehr erreicht werden können.

Ein zweites Kriterium sind die Festigkeitskennwerte der geläppten Bauteile, die unabhängig von der Beanspruchungsrichtung, aufgrund der geringeren Gefahr von Schä-
digungen in der Oberflächenrandzone durch die Bearbeitung, ein hohes Niveau aufweisen.

Prinzipiell treten beim Läppen von Keramik zwei grundsätzlich unterschiedliche
Abtragsmechanismen auf, die von der Keramikart abhängig sind. Die Oberflächenstruktur eines SiC-Primärkornes von SiSiC weist Spuren eines ritzenden Werkstoff-
abtrages auf (Bild 10). Hier scheint der Werkstoffabtrag durch Spanbildung eine Rolle
zu spielen, der sich nach der Verankerung des Kornes in der Läppscheibe aus der Re-
lativbewegung zwischen Werkstück und Korn ergibt. Rollen jedoch die Körner
zwischen Läppscheibe und Werkstück ab, platzen kleinste Werkstoffpartikel unter
dem hohen spezifischen Druck zwischen Korn und Werkstoff, der zu Mikrorissen
führt, ab. Bei heißgepreßtem Siliziumnitrid können die für das Läppen charakteri-
stischen ungerichteten kraterförmigen Strukturen infolge stochastischen Korneingriffs deutlich festgestellt werden (Bild 11) /18, 19, 20/.

Untersuchungen beim Planparallelläppen von SiSiC zeigten, daß beim Läppen höhere
Abtragsleistungen erzielt werden können, wenn mit größerem Läppkorn und erhöhten mittleren Bahngeschwindigkeiten gearbeitet wird. Es sind Abtragsgeschwin-
digkeiten von etwa 60 µm/min erreicht worden (Bild 12). In Wirtschaftlichkeitsbetrachtungen muß zudem die Tatsache einfließen, daß eine große Anzahl von Werk-
stücken gleichzeitig bearbeitet werden kann /19/.

Als Läppgemische kommen meist wässrige oder seltener ölige Suspensionen mit
Läppkörnern, die im Bereich von 2 µm bis über 40 µm liegen, zum Einsatz. Das
Mischungsverhältnis beträgt bei Verwendung von Borkarbid 1:3 bis 1:6. Neben
Diamant- und Borkarbidkörnungen wird in wenigen Fällen auch Siliziumkarbid als
Kornwerkstoff verwandt.

In Abhängigkeit von Korngröße, den Einstellbedingungen und dem Gefügeaufbau
des keramischen Werkstoffs, sind durch Läppen Formgenauigkeiten von 1 µm/m und
Mittenrauhwerte R_a < 0,3 µm erzielbar. Die Härte keramischer Bauteile verursacht
verglichen mit der Metallbearbeitung einen höheren Verschleiß, so daß bei Forderungen von Maßgenauigkeiten unter 1 µm Zwischenmessungen unerläßlich werden /3/.

Mit einer Läppkörnung aus Borkarbid, deren Größe 20 µm bis 45 µm betrug und flächenbezogenen Normalkräften von 2 N/cm^2 bis 6 N/cm^2 stellten sich gemittelte Rauhtiefen von R_z = 2 µm bis 5 µm ein. Der Ebenheitsfehler lag zwischen 5 µm und 12 µm /18/.

3.4 Funkenerosion

Den Verfahren Schleifen, Honen und Läppen sind auch bei der Bearbeitung keramischer Hochleistungswerkstoffe in Bezug auf die Formvielfalt der Flächen Grenzen gesetzt.

Zur Erzeugung komplexer Konturen und Durchbrüche sind die oben aufgeführten Verfahren ungeeignet. Hierfür bietet sich das für die Keramikbearbeitung junge abtragende Bearbeitungsverfahren Funkenerosion und die nachfolgend aufgeführte Ultraschallerosion sowie das Laser- und Elektronenstrahltrennen an.

Eine Voraussetzung für die funkenerosive Bearbeitung ist eine ausreichende elektrische Leitfähigkeit der keramischen Werkstoffe. Aus diesem Grund ist nur ein eingeschränktes Spektrum an Werkstoffen für die Funkenerosion geeignet.

In hochreinen keramischen Werkstoffen fehlen freie Ladungsträger. Sind die keramischen Werkstoffe nicht wie z.B. SiSiC oder kohlenstoffinfiltriertes SiC von Hause aus leitend, müssen Atome mit geringerer Wertigkeit in die Gitterstruktur eingebracht werden. Zum einen kann ein Wechsel der Wertigkeit im Atomgitter (z.B. bei TiO_2), zum anderen der Einbau von Fremdionen (z.B. bei CaO-stabilisiertem ZrO_2) sowie Sauerstoffleerstellen die Leitfähigkeit erhöhen. Diese Maßnahmen verändern jedoch die Eigenschaften der Keramik, die bei Neuentwicklungen berücksichtigt werden müssen /21/.

Für die funkenerosive Bearbeitung ist vor allem das Senken und das Drahterodieren von Interesse. Durch den Einsatz von NC-Maschinen sind speziell beim Schneiden durch die Drahterosion der Formvielfalt keramischer Bauteile kaum Grenzen gesetzt. Verglichen mit der Metallbearbeitung treten bei der Erosion von keramischen Werkstoffen 5-fach höhere Entladespannungen von etwa 100 V auf, die Leerlaufspannungen von mehr als 150 V notwendig machen. Zudem sind kurze Impulszeiten t_i < 5 µs erforderlich, die von statischen Impulsgeneratoren geliefert werden können /21/.

Untersuchungen des elektroerosiven Schneidens von SiC und Al_2O_3 mit 40% TiC /21/ ergaben, verglichen mit der Stahlbearbeitung, höhere Schnittraten bei kleineren Ar-

beitsströmen. Oberflächenschäden, wie sichtbare Abplatzungen, die auf eine Lichtbo-
genbildung zurückzuführen sind, stellten sich nur beim elektroerosiven Senken, nicht
aber beim Schneiden ein. <u>Bild 13</u> zeigt die Oberflächenstruktur von SiSiC nach einer
funkenerosiven Bearbeitung.

3.5 <u>Ultraschall-Erosion (Ultraschallschwingläppen)</u>

Ein weiteres Verfahren, das eine dreidimensionale Formgebung an keramischen Bauteilen ermöglicht, ist die Ultraschall-Erosion. Die gegenwärtig angebotenen Ultra-
schall-Erosionsmaschinen verfügen über leistungsfähige Generatoren und Wandler,
die eine wirtschaftliche Fertigung von Bohrungen, Sacklöchern, Schnitten usw. durch
Abbildung des Werkzeuges in allen, auch elektrisch nichtleitenden Keramikmaterialien zulassen. Zu einer funktionsfähigen Ultraschall-Erosionsanlage gehören
neben einem Hochfrequenzgenerator, ein elektromechanischer Ultraschallwandler,
der die mechanische Schwingungsenergie liefert, der Ultraschalltransformator zur
Amplitudenverstärkung und die Sonotrode zur Aufnahme des eigentlichen Werkzeuges. Der Wirkungsgrad wird maßgeblich von der Abstimmung des Gesamtsystems
auf Resonanz bestimmt /22, 23/.

Die bekannten Modelle zum Abtragsmechanismus gestatten keine vollständige Klä-
rung der zwischen Werkzeug und Werkstück ablaufenden Vorgänge. Ein zwischen
das im allgemeinen longitudinal oszillierende formübertragende Werkzeug (Arbeits-
frequenz: ca. 20 kHz, Amplitude: 6 µm bis 50 µm) und das Werkstück eingebrachtes
wässriges Läppgemisch aus Borkarbid (Korngröße: 10 µm bis 100 µm, Mischungsverhältnis: 1:2) wird im wesentlichen in die Oberfläche eingehämmert. Dabei entstehen in der Oberflächenrandzone der keramischen Werkstoffe zeitlich und räumlich
zunehmende Mikrorisse, die dann das Abplatzen von Werkstoffpartikeln verursachen,
die mit der Läppsuspension aus der Wirkzone transportiert werden. Neben diesem
vorwiegend an der Stirnseite des Werkzeuges ablaufenden Mechanismus, kommt es
zusätzlich an der Mantelfläche durch die in translatorische und rotatorische
Bewegung versetzten Körner der Läppsuspension zu Zerspanungsprozessen /22/.

Für die räumliche Bearbeitung sind longitudinal-lateral und durch Körperdeformation
wirkende dreidimensional schwingende Sonotroden entwickelt worden. Dieser Sono-
trodentyp weist außerhalb der Hauptachse der Longitudinalschwingungen liegende
Massen auf, die Biegeschwingungen verursachen. Aufgrund der betragsmäßig kleinen Auslenkung kann die aus der Biegeschwingung resultierende Querbewegung als
senkrechte Bewegung zur Sonotrodenachse aufgefaßt werden. So können auch
komplexe Mantelflächen unter gleichzeitiger Rotation des Werkzeuges bearbeitet
werden /24/.

Für die Keramikbearbeitung mit Ultraschall gilt allgemein, daß ein steigender kritischer Spannungsintensitätsfaktor K_{Ic}

- zu kleineren Abtragsraten und
- zu höherem Verschleiß des Ultraschall-Werkzeuges führt.

Der Spannungsintensitätsfaktor K_I, auch Bruchzähigkeit oder Bruchwiderstand genannt, kennzeichnet die Zähigkeit eines Werkstoffes. Die Bruchzähigkeit gibt an, welche Rißlänge zulässig ist, wenn ein Bauteil eine bestimmte Spannung ertragen soll. Nach Erreichen einer kritischen Spannung σ_c, pflanzt sich der Riß unkontrolliert fort. Dies wird durch den kritischen Spannungsintensitätsfaktor K_{Ic} charakterisiert.

RBSN, SiSiC und Al_2O_3 können mit guten Abtragsleistungen bei relativ geringem Werkzeugverschleiß bearbeitet werden. Für HPSN ergeben sich kleinere, jedoch noch befriedigende Abtragsraten. Die größten Schwierigkeiten entstehen bei der Bearbeitung von Zirkonoxid mit Yttriumoxidzusatz. Den geringen Abtragsraten steht bei diesem Werkstofftyp ein großer relativer Werkzeugverschleiß gegenüber (Bild 14) /22/.

3.6 Lasertrennen

Bei der Bearbeitung von dünnen maximal 1 mm starken Substratwerkstoffen in der Halbleitertechnik wird der Laser seit geraumer Zeit zum Trennen, Bohren und Profilieren eingesetzt. Eingeführt sind in diesem Bereich CO_2-Laser und Nd-YAG-Laser. In Bild 15 sind Kennwerte für die zwei Anwendungsvarianten Ritzen eines Al_2O_3-Substrates als Vorbereitung auf den anschließenden Brechvorgang und das Trennen mit einem CO_2-Laserscriber zusammengestellt /25/.

Die gute Steuerbarkeit der Abtragsleistung - Dauerstrich- oder Pulsbetrieb mit und ohne Superpulsoption und Laserleistungssteuerung - trägt wesentlich zur Wirtschaftlichkeit des Lasertrennens bei. Probleme beim Abtrag größerer Materialvolumen bereitet die Thermoschockempfindlichkeit keramischer Werkstoffe, die aufgrund der vom Laser induzierten Temperaturgradienten zu Rissen oder zur Zerstörung des Materials führen kann. In Oberflächenrandzonen wurden nach einer Bearbeitung mit dem Nd-YAG-Laser Schädigungstiefen von 60 µm bis 100 µm nachgewiesen /26/. Ähnliche Probleme treten beim Einsatz von CO_2-Lasern auf, so daß häufig eine trennende Nachbearbeitung unvermeidlich ist. Tiefreichende Temperaturgradienten sind durch kurze Pulszeiten und eine hohe Pulsenergie vermeidbar. Sie fördern den Materialabtrag durch Schmelzen, Verdampfen oder durch Plasmabildung /27/. Mit Excimerlasern können kurze Pulszeiten von etwa 50 ns, verbunden mit hohen Pulsenergien (50 MW optische Pulsleistung) realisiert werden. Die kurzen Wellenlängen bis 193 nm beeinflussen die Abbildeeigenschaften und damit die erreichbaren Strukturgrößen von 20 µm bis 50 µm, die an keramischen Werkstoffen erzielt werden können /27/. Für den Tiefenabtrag sind in erster Linie die Pulszahlen verantwortlich. Höhere Pulszahlen führen zu größeren Abtragstiefen. Während der Abtrag   - Tiefe einer rechteckigen Einsenkung, die mit Hilfe einer Maske erzeugt wurde -   bei oxidkeramischen Werkstoffen mit der Energiedichte proportional ansteigt, ist für die Abtragstiefe bei der Bearbeitung nichtoxidkeramischer Werkstoffe mit Excimerlasern nach anfänglicher Proportionalität eine ausgeprägte Sättigungsgrenze feststellbar, ab der keine Abtragserhöhung mehr eintritt /27/.

Als vorteihaft ist neben der spannkraftfreien berührungslosen Bearbeitung durch Laser die Möglichkeit anzusehen, Bauteile mit nahezu beliebiger Form flexibel herstellen zu können. Die Flexibilität in Bezug auf die Formvielfalt wird durch die heute angebotene 5-Achsen-Lasertechnologie noch erhöht.

Neuere Untersuchungen befassen sich mit der Möglichkeit Laser zur Dreh- und Fräsbearbeitung einzusetzen. Beispielhaft sei hier das auf Zusammenwirken zweier Laserstrahlen in unterschiedlichen Ebenen basierende Laserdrehen und Laserfräsen genannt /28/.

Zusammenfassend muß jedoch festgestellt werden, daß im Hinblick auf das Trennen von hochfesten keramischen Werstoffen mit größerer Materialdicke noch umfangreiche Technologieuntersuchungen zur Bereitstellung von Fertigungsdaten durchgeführt werden müssen.

4   Literatur

1   Reh, H.:

High Performance Ceramics.
I. Definition and Economic Significance.
INTERCERAM (1986) 2, S. 36 - 38.

2   Spur, G.;
     Tio, T.H.:

Keramikbearbeitung I.
Schleifen und Honen keramischer Werkstoffe.
Vortrag beim DIF " Neue Werkstoffe -Materialkennwerte-
Konstruktionshinweise-Bearbeitungsverfahren-
Einsatzbereiche" am 26./27.11.1987, Ratingen.

3   Spur, G;
     Sabotka, I.;
     Tio, T. H.;
     Wunsch, U. E.:

Überblick über trennende Fertigungsverfahren zur
Hartbearbeitung von Keramiken.
Sprechsaal 120 (1987) 6 und 11,
S. 516 - 520 und S. 1021 - 1025.

4   Willmann, G.:

Die Bedeutung der Oberflächenbeschaffenheit
keramischer Bauteile. ZwF 81 (1986) 8, S. 407 -412;
Carl Hanser Verlag, München 1986.

5   Willmann, G.:

Konstruieren mit Keramik.
- Bearbeitung von Bauteilen -
Sprechsaal 118 (1985) 10, S. 990 - 993.

6   Meyer, H.-R.;
     Klocke, F.;
     Sauren, J.;
     Haag, M.:

Schleifen keramischer Werkstoffe.
Technische Mitteilungen 80 (1987) 1,
S. 23 - 30.

7   Willmann, G.:

Einfluß der Nachbearbeitung auf die Bauteilfestigkeit von
Keramik. IDR 18 (1984) 4, S. 243 - 248.

8   Röttenbach, R.;
     Willmann, G.:

Bearbeitung von Bauteilen aus reaktionsgebun-
denem Si-SiC für den Wärmetauscher eines
Sonnenkraftwerks. IDR 15 (1981) 3, S. 140 - 144.

9   Löns, H. H.:

Beispiele zum Schleifen von Oxidkeramik mit
Diamantwerkzeugen.
IDR 10 (1976) 3, S. 134 - 138.

10 Kessel, H.:   Bearbeitung von heißgepreßtem Siliziumnitrid und
                               anderen keramischen Werkstoffen mit Diamant-
                               werkzeugen. IDR 10 (1976) 3, S. 128 - 133.

11 Steffens, K.;   Beschaffenheit des Schneidbelags beim Innenloch-
    Struth, W.:   sägen. IDR 1 (1987), S. 9 - 13.

12 Sawluk, W.:   Flachschleifen von oxidkeramischen Werkstoffen mit
                               Diamanttopfscheiben.
                               Dr.-Ing.-Diss., TU-Braunschweig 1964.

13 Pahlitzsch, G;   Schleifen von oxidkeramischen Werkstoffen mit
    Rifky Taher, M.:   Diamantumfangsscheiben.
                               Fachberichte für Oberflächentechnik 4 (1966) 1, S. 1 - 13.

14 Kessel H.:   Eigenschaften, Herstellung und Bearbeitung von
                               heißgepreßtem Siliciumnitrid. IDR 15 (1981) 4, S. 226 - 233.

15 Tio, T. H.;   Bearbeitung hochtemperaturfester Keramiken im
    Uhlmann, E.:   Tiefschleifprozeß. Ind. Anz. 108 (1986) 97, S. 32 - 33.

16 Möhlen, H.:   Vergleichende Untersuchungen beim Innen- und
                               Außenrundschleifen keramischer Werkstoffe. Vortrag
                               anläßlich des Seminars "Feinbearbeitung nichtmetallischer
                               Werkstoffe" im Haus der Technik, Essen, am 28.11.1985.

17 Schüttinger, H.:   Feinbearbeitung von Keramik mit gebundenen
                               Diamantwerkzeugen. IDR (1987) 4, S. 230 - 233.

18 König, W.;   Siliciuminfiltriertes Siliciumcarbid wirtschaftlich läppen.
    Popp, M.:   -Zum Schlichten und Schruppen geeignet-. Ind. Anz. 108
                               (1986) 97, S. 24 - 26.

19 Spur, G.;   Läppen technischer Keramik.
    Sabotka, I.:   ZwF 81 (1986) 6, S. 320 - 323.

20 Sabotka, I.:   Läppen von siliciuminfiltriertem Siliciumcarbid. Ind. Anz.
                               108 (1986) 101, S. 34 - 35.

21 Panten, U.:   Funkenerosive Bearbeitung von keramischen Werkstoffen.
                               Ind. Anz. 108 (1986) 81, S. 48 - 49.

22 Haas, R.:   Mit Hilfe der Ultraschall-Erosion - Keramische Werkstoffe
                        dreidimensional bearbeiten.
                        Ind. Anz. 910 (1986) 97, S. 10 - 13.

23 Schmieg, R.:   Die Ultraschallbearbeitung von Hochleistungskeramik.
                        Keramische Zeitung 37 (1985) 10, S. 575 - 577.

24   Keramikbearbeitung mit Ultraschall - Ein Bestandteil der
                        High-Technology. Firmenschrift der Dieter Hansen AG,
                        Wattwill, 1986.

25   Modelle RSCP 81/RSCP 151. Technische Beschreibung.
                        Hamburg: Rofin-Sinar, 1985.

26 Kovalenko, V. S.;   Laser Mashining of Ceramic Materials.
    Lavrinovich, A. V.: Proceedings of the 6th International Conference on
                        Produktion Engineering Osaka 1987, S. 627 - 631.

27 Schmatjko, K. J.;   Feinbearbeitung von Keramik mit Excimerlaser.
    Endres, G.:   Fachber. f. Metallbearb. 64 (1987) 4, S. 294 - 298.

28 Chrysolouris, G.;   Laser Turning for Difficult to Machine Materials.
    Bredt, J.;   Vortrag auf dem Winter Annual Meeting of ASME Florida,
    Kordas, S.:   USA, 17. bis 22.11.1985.

5 Bildanhang

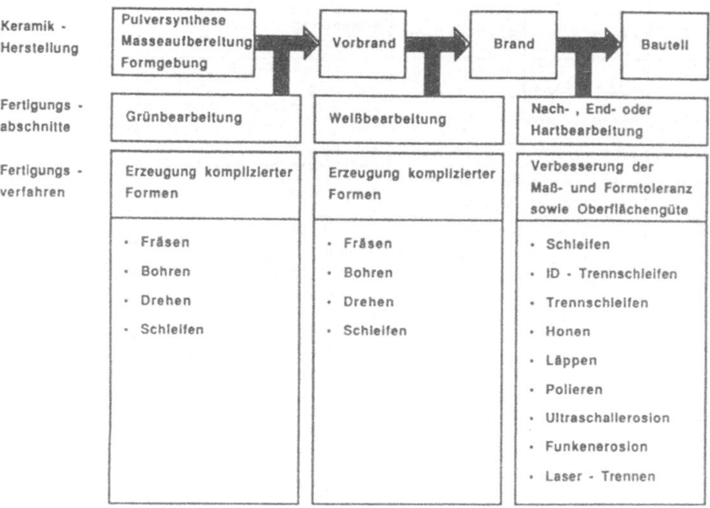

Bild 1:   Fertigungsabschnitte bei der Bearbeitung von Hochleistungskeramik in Abhängigkeit vom Produktionsablauf

FERTIGUNGSVERFAHREN		WERKZEUG / WIRKMEDIUM	ANWENDUNG
	Trennschleifen	Diamanttrennscheibe	Rohmaterial trennen
	Innenlochsägen	Diamantinnenloch-trennscheibe	Rohmaterial trennen
SPANEN	Schleifen	Diamantschleifscheibe	Grob-und Feinbearbeitung (z.B. Profilflächen, Lagerflächen) Fertigung von Funktionsflächen unter Einhaltung der geforderten Toleranzen und Oberflächengüten
	Honen	Diamanthonleiste	Verbesserung der Form-und Profilgenauigkeit sowie Ober-flächengüte (z.B.Gleitflächen)
	Läppen	SiC -, B_4 C -, Diamantläppgemisch	Verbesserung der Form-und Profilgenauigkeit sowie Ober-flächengüte (z.B. Dichtflächen)
	Ultraschall-schwingläppen	Diamant-, Borkarbid-läppgemisch	Bohrungen und Gravur
ABTRAGEN	Funkenerosion	Kupfer-, Graphit-, Wolframelektrode	geometrisch komplizierte Körper (meist an SiC - Werkstoffen verschiedener Sorten)
	Laser - Trennen	CO_2 - Laser	Bohren, Trennschneiden

Bild 2:   Trennende Fertigungsverfahren keramischer Werkstoffe /3/

VERFAHREN	TOLERANZ	OBER-FLÄCHENGÜTE	BEMERKUNGEN
Nach dem Sintern (unbearbeitet)	bis ± 1 %	R_a = 1 bis 3 µm	Toleranz abhängig vom Formgebungsverfahren
Grün- und Weiß-bearbeitung	± 0,5 %	R_a = 1 bis 3 µm	Anwendung von Diamantwerkzeugen nicht erforderlich
Trennschleifen	± 15 bis 60 µm	—	Toleranz und Oberflächengüte abhängig von Trennscheiben und Einstellbedingungen
Innenlochsägen	± 3 bis 10 µm	—	Toleranz und Oberflächengüte abhängig von Trennscheiben und Einstellbedingungen
Planschleifen	± 1 bis 20 µm	R_a = 0,8 bis 2 µm	Toleranz und Oberflächengüte abhängig von Schleifscheiben (Spezifikation), Einstell-
Außenrundschleifen	± 5 bis 25 µm	R_a = 0,2 bis 2 µm	bedingungen und Werkstoff (Art, Gefüge, Porosität)
Innenrundschleifen	± 1,5 bis 15 µm	R_z = 8 bis 16 µm	Toleranz und Oberflächengüte abhängig von Schleifscheiben, Werkstoff, aber nur wenig von den Einstellbedingungen
Honen	± 2 bis 10 µm	R_a = 0,3 bis 1 µm	Toleranz und Oberflächengüte abhängig vom Honstein, Werkstoff und Anpreßdruck
Läppen	± 1 bis 5 µm	R_a = 0,02 bis 0,3 µm	Toleranz und Oberflächengüte abhängig von Korngröße, Einstellbedingungen und Werkstoff
Polieren	—	R_a < 0,05 µm	Oberflächengüte abhängig vom Poliermittel
Ultraschall-schwingläppen	bis ± 25 µm	R_a < 1,5 µm	Toleranz und Oberflächengüte abhängig von Korngröße, Einstellbedingungen und Werkstoff
Funkenerosion	—	R_a < 2 µm	meist an SiC-Werkstoffen verschiedener Sorten
Laser-Trennen	± 20 µm	—	CO_2-Laser, Bohrungen von $\varnothing$ 0,3 mm, Länge 5 mm

Bild 3: Erreichbare Toleranzen und Oberflächengüten /3/

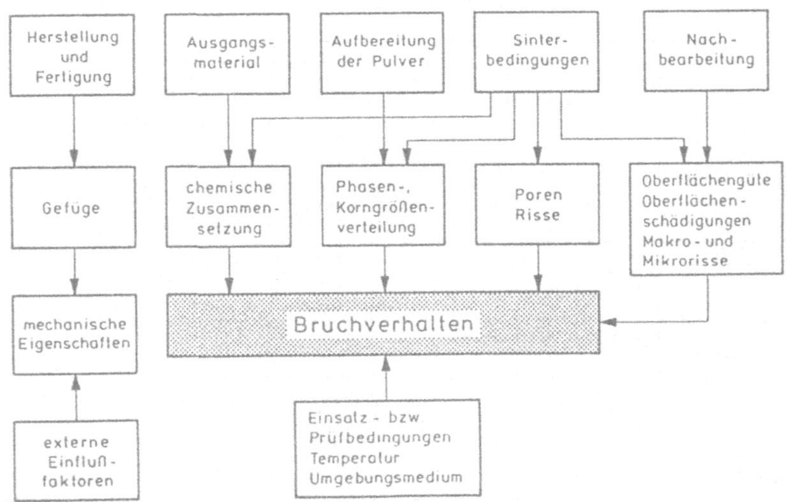

Bild 4: Einflüsse auf die Festigkeit und das Funktionsverhalten keramischer Bauteile /3/

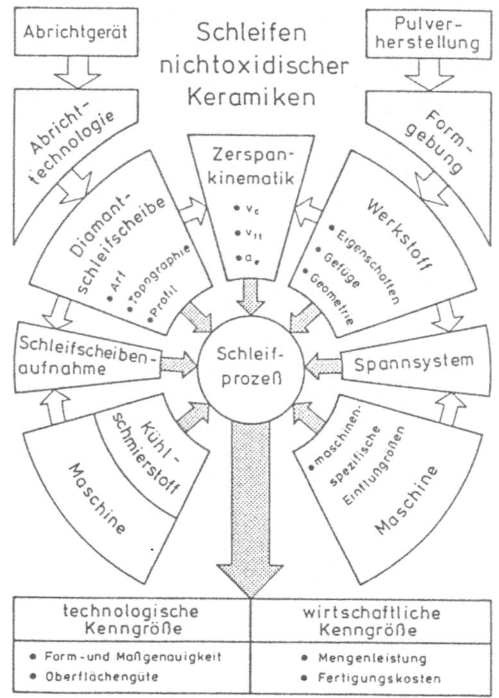

Bild 5: Einflußfaktoren bei der Bearbeitung nichtoxidischer Keramiken durch Schleifen

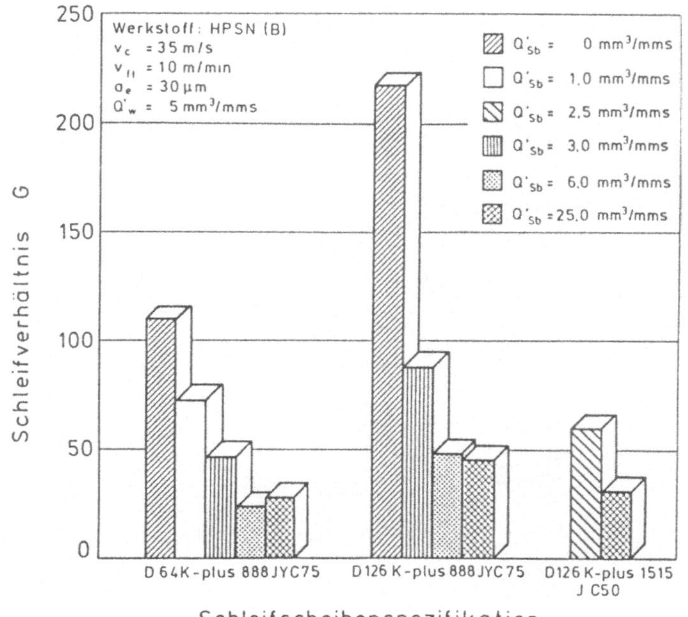

Bild 6: Einfluß der Schärfbedingungen auf das Schleifverhältnis G /3/

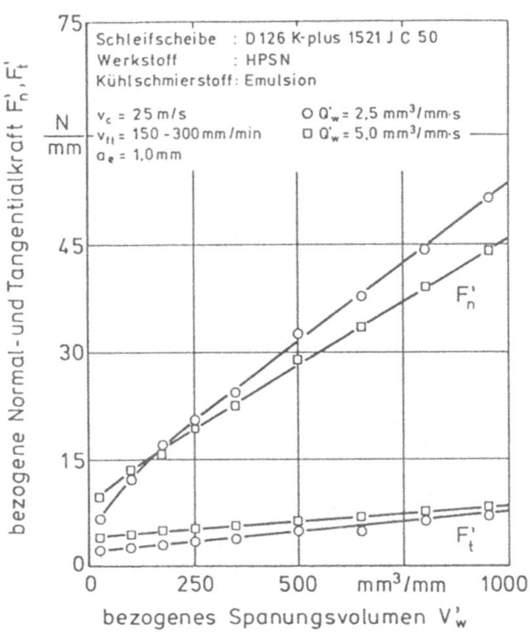

Bild 7: Abhängigkeit der Schleifkräfte vom bezogenen Zeitspanvolumen

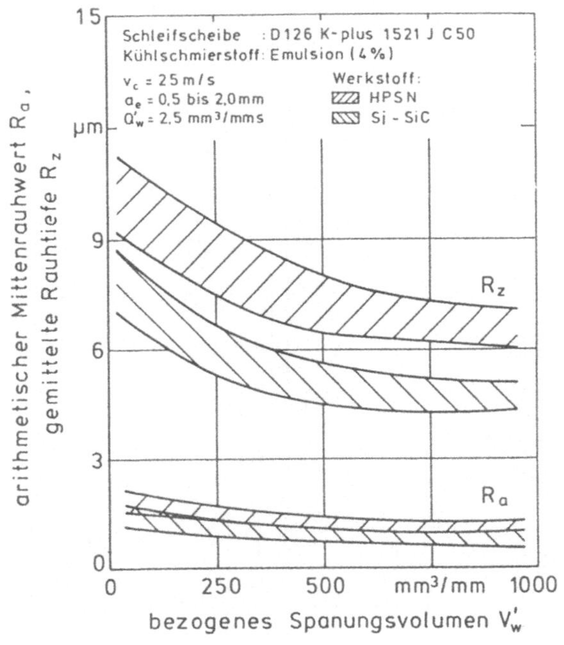

Bild 8: Oberflächengüte in Abhängigkeit vom Werkstückstoff

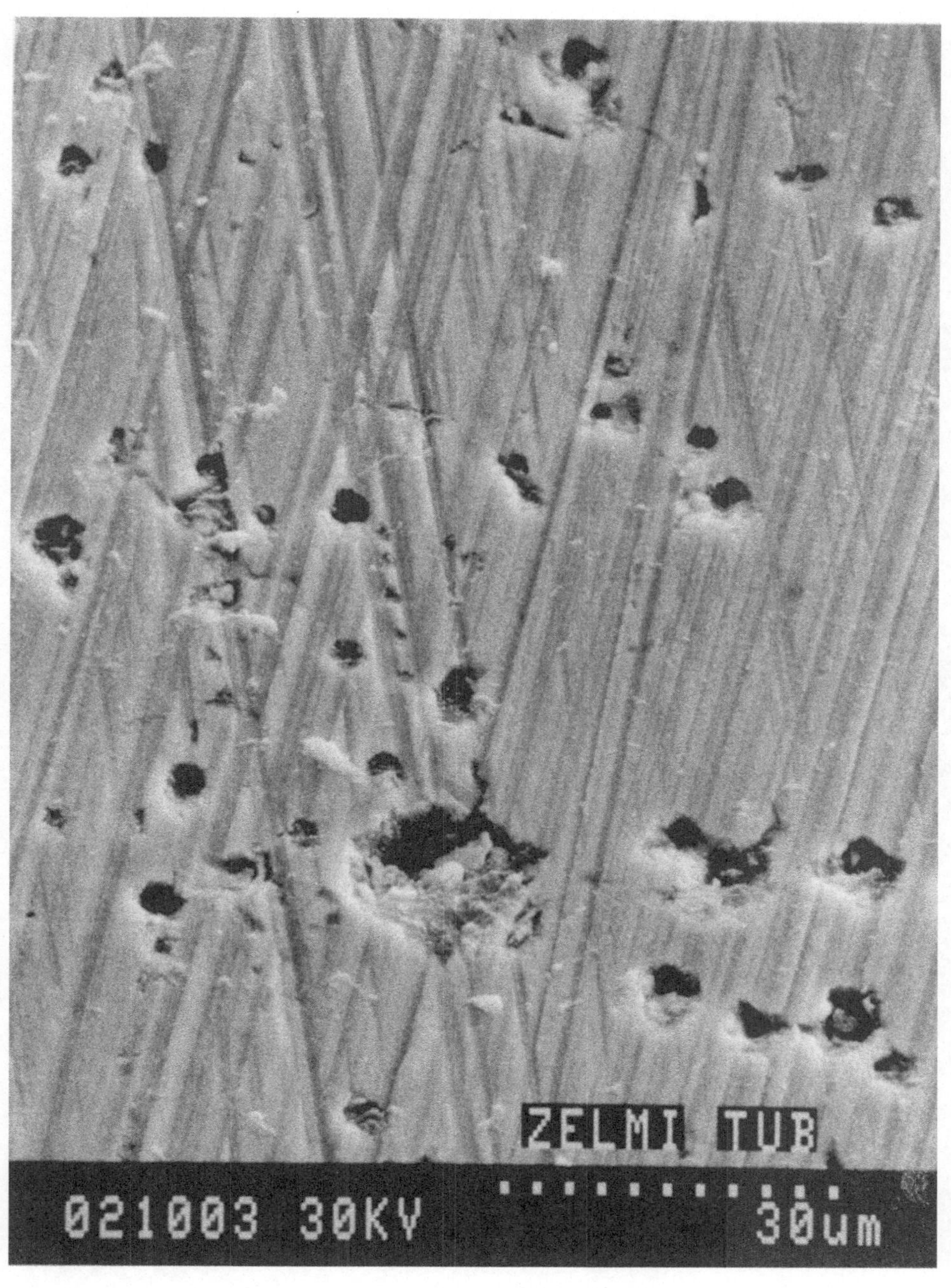

Bild 9: Oberfläche eines gehonten Zirkonoxid-Werkstückes /3/

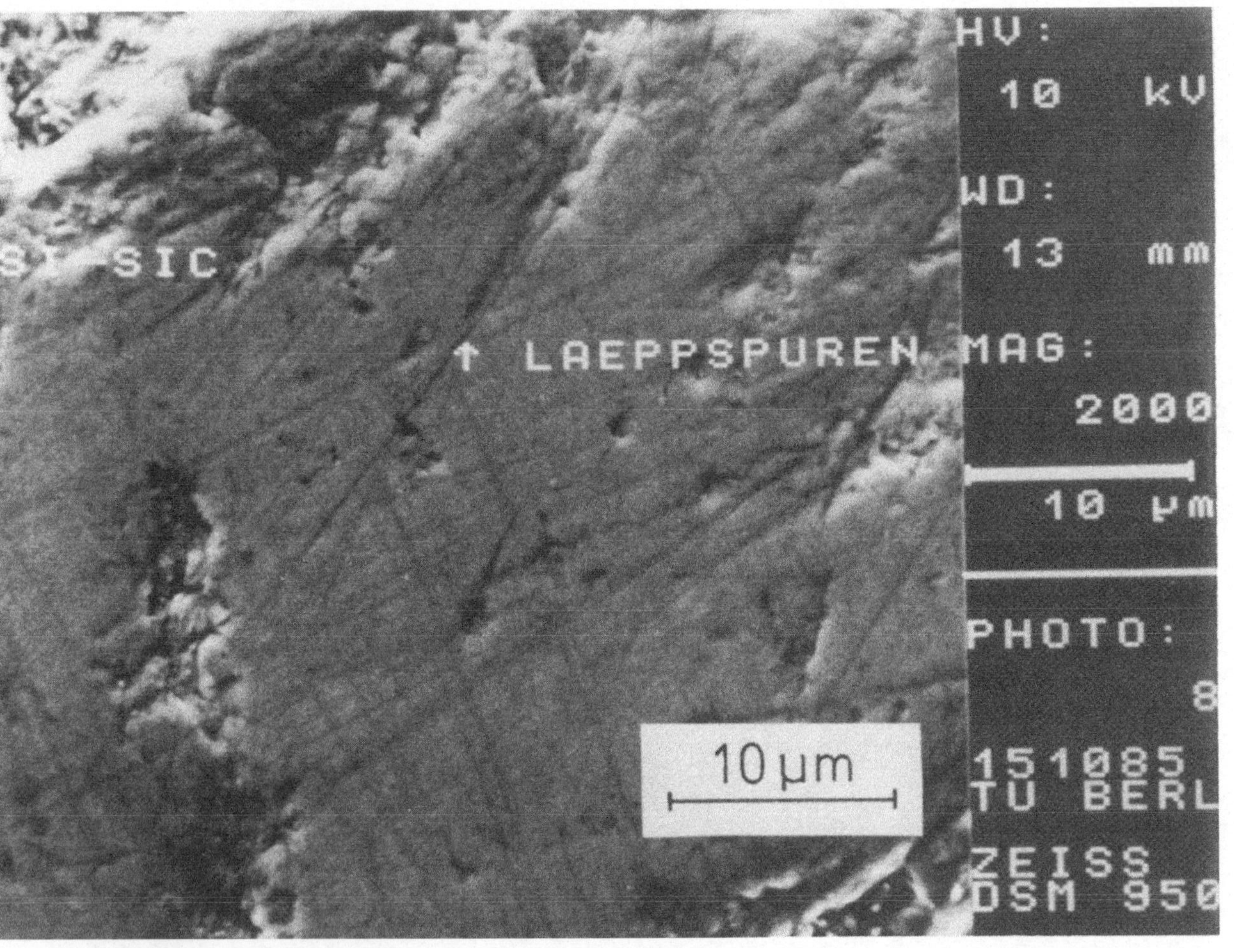

Bild 10:   Ritzender Werkstoffabtrag auf einem SiC-Primärkorn einer SiSiC-Probe /3/

Bild 11: Läppspuren ungerichtet-stochastischen Korneingriffs bei Proben aus HPSN /3/

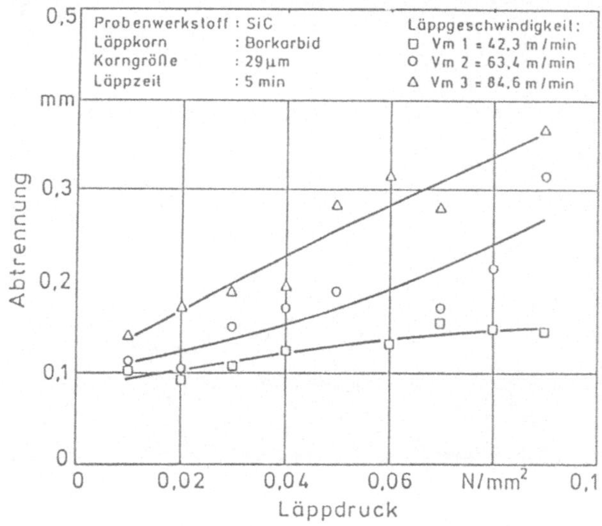

Bild 12: Abhängigkeit der Werkstoffabtrennung beim Planparallelläppen ringförmiger SiC-Werkstücke /3/

Bild 13: Mantelfläche eines funkenerosiv gesenkten Bohrungskerns /3/

Kritischer Spannungs-Intensitäts-faktor K_{Ic}	Werkstoff	Abtragsleistung (mm^3 / min)	Werkzeugverschleiß (% der Eindringtiefe)
	R B S N	140	10
	S I C	110	14
	$Al_2 O_3$	100	16
	H P S N	60	24
	$Zr O_2$	30	27

Bild 14: Abtragsraten und relativer Werkzeugverschleiß bei der Ultraschallerosion in Abhängigkeit vom Werkstoff /22/

Verwendeter Laser	Laserscriber Modell RSCP 81 und RSCP 151
Substrat	Al_2O_3
RITZEN	
Geschwindigkeit	10 bis 12 m/min (150 Watt) 2 bis 5 m/min (80 Watt)
Lochabstand	Minimum 0,1 mm in Schritten von 0,05 mm aufwärts einstellbar
Geradheit	± 10 µm über 4"
Genauigkeit nach Bruch	± 30 µm
Wiederholgenauigkeit	± 10 µm
Positioniergenauigkeit	± 10 µm
Ritztiefe	66 % in 1,27 mm Substrat (150 Watt) mindestens 40% in 1mm Substrat (80 Watt)
SCHNEIDEN	
Maximale Dicke	1,27 mm (150 Watt) 1,00 mm (80 Watt)
Geschwindigkeit	bis 2000 mm/min (150 Watt) bis 80 mm/min (80 Watt)
Genauigkeit	± 10 µm
Schneiden von Kreisen	0,5 bis 5 mm Durchmesser + 0 µm / − 50 µm größer 5 mm Durchmesser + 0 µm / − 75 µm
Kleinster Lochdurchmesser	0,15 mm
Schneiden von Rechtecken, Rechtwinkligkeit	± 25 µm in der Diagonalen

Bild 15: Übersicht über das Laserritzen und Laserschneiden eines Aluminiumoxid-Substrates /25/

Erfahrungen mit Keramik im Verbrennungsmotor

von N. Zernig

Zusammenfassung:

Keramische Wärmeisolationen von Brennräumen sind
wohl nachteilig für den Kraftstoffverbrauch und die NO_x-
Emission, doch gibt es Einsatzfälle, bei denen eine
Reduktion der Kühlleistung im Vordergrund steht. Örtliche,
möglichst dickwandige Isolierungen im Brennraum können
thermisch überlastete Stellen ohne merkliche Nachteile
schützen.

Vorteilhaft haben sich Isolationen des Abgasstranges
bis zum Turbinenrotor erwiesen, wobei der Portliner
besonders wirksam ist. Außer einer wesentlichen Reduktion
der Kühlwärme wird durch die höhere Abgasenergie eine Verbesserung des Motorwirkungsgrades erreicht.

Aber nicht nur für Wärmeisolationen bringt Keramik Vorteile;
die große Härte macht diesen Werkstoff interessant für
Teile, die hohem Verschleiß unterliegen, wie z. B. bei der
Ventilsteuerung.

Bedingt durch die niedrige Dichte ist der Einsatz von
Keramik für Bauteile mit hohen Beschleunigungskräften
von Interesse. Auch der zum Teil hohe E-Modul kann für
bestimmte Fälle neue Verwendungsmöglichkeiten eröffnen.

Turbinenlaufräder der Abgasturbolader

Von Ottomotoren überschreiten bei sehr hoher Belastung
die Temperatur-Grenzwerte von Metall. Von Keramik wird
eine Verbesserung erwartet.

Für alle Anwendungen ist die keramikgerechte Form und Ein-
bindung entscheidend und es ist ein großer Entwicklungs-
aufwand für den optimalen Einsatz keramischer Werkstoffe
erforderlich. Wenn auch die Verwendung in der Serie nur
langsam Fortschritte macht, so kann man bereits jetzt
sagen, daß in Zukunft Keramik im Motorenbau ein wichtiger
Werkstoff sein wird.

1. **Schwerpunkte für Keramik im Motor**

Das Interesse an keramischen Werkstoffen
im Motorenbau ist weltweit sehr groß
und es wurden vielerorts umfangreiche
Entwicklungen durchgeführt. Unter Berücksichtigung der sehr unterschiedlichen Eigenschaften haben sich folgende
Schwerpunkte ergeben:

Schwerpunkte für Keramik im Motor

Brennraumisolation:

    Kolbenmulde/Kolbenboden
    Zylinderkopf-Brennraumplatte
    Zylinderrohr (ev. teilweise)
    Vor- und Wirbelkammer
    Ventile

Isolation des Abgasstranges:
    Portliner
    Abgasleitung
    Turbinengehäuse

Heißbauteile:

    Turbinenrotor
    Heißlagerungen
    Wärmetauscher
    Rußfilter und Katalysator

Verschleißminderung: Ventilsitzringe, Steuerungsteile usw.

Korrosionsschutz: Vorkammer

Gewichtsreduktion:

    Kolbenbolzen
    Steuerungsteile

Bild 1   Schwerpunkte für Keramik im Motor

Vor der Besprechung dieser Schwerpunkte ist
es angebracht, Grundsätzliches über
die Stoffwerte von Keramik zu sagen.

2. Keramik-Stoffwerte

Nachstehende Tabelle zeigt die enormen Unterschiede der Werkstoffeigenschaften von Keramikmaterialien.

	Material	Dichte	Biegebruchfestigkeit	E-Modul	Wärme-Dehnung	Wärmeleitfähigk
		g/cm³	N/mm²	N/mm² x 10³	K⁻¹ x 10⁻⁶	W/mk
	Al_2O_3 Aluminiumoxid	4,0	450	400	8,0	27
	ATI Aluminiumtitanat	3,3	30	20	0-3	1,4
	ZrO_2 Zirkonoxid	5,74	500	210	10	2,5
	Si_3N_4 (RBSN) Siliziumnitrid	2,5	215	140	2,9	17
	SiC (SiSC) Siliziumkarbid	3,0	400	370	4,4	120
	Keramikfaser - Isolation	0,1	-	-	-	0,1
Vergleichswerte	Stahl niedrig legiert	7,9	400	206	10,5	50
Vergleichswerte	Stahl hochlegiert	7,9	1000	206	11,5	14
Vergleichswerte	GG	7,25	250	78	10,5	58
Vergleichswerte	GGG	7,3	400	162	10	29
Vergleichswerte	Alu - legiert	2,7	300	70	22	174

Bild 2 Keramik-Stoffwerte

Allgemein wird angenommen, Keramik sei ein sehr guter Wärmeisolator. Dies trifft aber nur für 2 Sorten zu:
Aluminiumtitanat und Zirkonoxid.

Ersteres hat zwar nur eine sehr geringe
Festigkeit, läßt sich aber wegen der
geringen Wärmedehnung und dem kleinen
E-Modul gut eingießen. Wenn es gelingt,
durch den Einguß allseitige Druck-
spannungen aufzubringen und im Betrieb
beizubehalten, kann man trotz der geringen Festigkeit gute Dauerhaltbar-
keitswerte erreichen.

Zirkonoxid hat wohl eine sehr hohe
Festigkeit, doch entstehen durch die
große Wärmedehnung und den großen E-Modul,
vor allem bei größeren Wandstärken und
hohem Temperaturgradienten,bedeutende
thermische Spannungen. Ein Nachteil von
Zirkonoxid ist auch die große Dichte, die
größte aller Keramiksorten. Bei stark beschleunigten Teilen ergeben sich höhere
Massenkräfte.
Die größte Wärmeisolation kann man mit
Keramikfasern erreichen, doch ist bei diesen
für einen ausreichenden Schutz zu sorgen,
am besten durch eine allseitige Ummantelung.

Auf zwei bemerkenswerte Eigenschaften von
Keramiksorten soll noch hingewiesen werden:
Siliziumkarbid leitet Wärme außerordentlich
gut, kann also eine verbesserte Wärmeabfuhr
ermöglichen.
In manchen Fällen ist auch ein hoher E-Modul
von Vorteil. Bei Aluminiumoxid und
Siliziumkarbid liegt dieser wesentlich höher
als bei Stahl.

3. **<u>Anwendungsformen von Keramik im Ver-</u>**
   <u>brennungsmotorenbau</u>

   Diese sind sehr vielfältig. Folgende
   Möglichkeiten sollen genannt werden:

   - Monolithischer Körper

   - Metall-Keramische Verbundkonstruktionen

        Einguß
        Schrumpfverbindung
        Schraubverbindung
        Lötverbindung
        Klebeverbindung

   - Spritzschichten

        Plasmastrahl-Auftragung
        Flammstrahl-Spritzen

   - Keramikfasern

        Wärmeisolation
        Faserverstärkte Werkstoffe

4. **<u>Keramische Brennraumisolationen</u>**

   Das ursprüngliche Ziel der Verwendung
   von Keramik in Verbrennungsmotoren war
   die Isolation des Brennraumes. Durchgeführte Rechnungen ergaben einen Ver-
   brauchsvorteil von einigen Prozenten.

   Im Gegensatz dazu wurde bei den Messungen am
   Motor vor allem im höheren Lastbereich eine
   Verschlechterung des Verbrauches festgestellt.

Dieser Gegensatz wurde von H. Prof. Woschni
geklärt (MTZ Dez. 1986), der feststellte, daß
bei hohen Wandtemperaturen die Wärmeübergangs-
zahlen während der Verbrennung stark ansteigen.
Ein weiterer Nachteil ist die größere NO_x - Emission.

Aus diesen Gründen hat die Brennraumisolation
den ursprünglich hohen Stellenwert verloren,
doch gibt es durchaus noch sinnvolle Einsatzfälle. Bei hochbelasteten Motoren kann es an
einigen Stellen zu thermischen Überlastungen
kommen. Örtliche, möglichst dickwandige Isolierungen können die gefährdeten Stellen ohne
merklichen Anstieg von Verbrauch und NO_x schützen.
Steht die Reduktion des Kühlaufwandes im Vordergrund,
dann kann eine weitgehende Isolation des Brennraumes
vorteilhaft sein. Wie das folgende Bild zeigt,
steigen die Wandtemperaturen bei verringerter Kühlwärme bzw. höherem Isolationsgrad stark an.

$$\text{Isolationsgrad} = \left(1 - \frac{\dot{q}_{isoliert}}{\dot{q}_{unisoliert}} \right) \cdot 100 \ \%$$

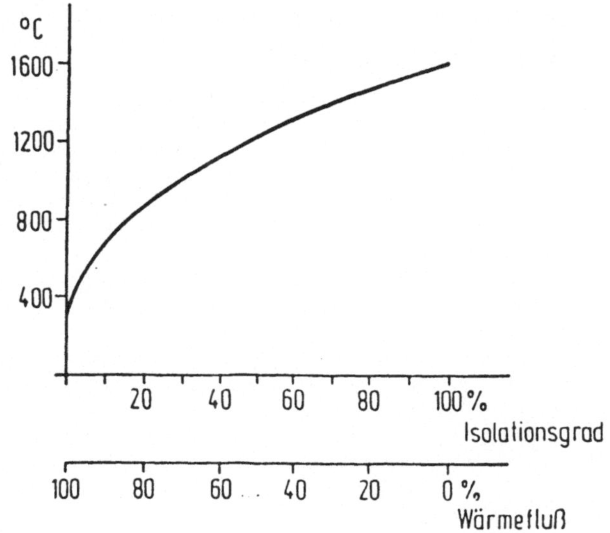

Bild 3   Wandtemperaturen bei Brennraumisolation

Die Verringerung der Kühlwärme bewirkt
auch eine Erhöhung der Prozeß-und Abgastemperatur.

Aus konstruktiven Gründen ist die Stärke
der Isolation begrenzt; mehr als 5 bis 10 mm
Schichtstärke können kaum untergebracht
werden. Beim Zylinder ist wegen der Temperatur-
grenze des Schmieröles nur eine Isolation
des obersten Bereiches möglich. Es läßt sich
daher der Wärmefluß nicht beliebig verringern.
Die oberste Grenze der Wärmefluß-Reduktion
liegt bei 60 %, d. h., daß trotz großem Isolier-
aufwand noch immer 40 % der Bauteil-Kühlwärme
abgeführt werden müssen.

Nun zu einigen praktischen Beispielen:

4.1 Kolbenisolierungen

Obwohl schon vollkeramische Kolben hergestellt
wurden, ist es mit heutigen Mitteln nur sinnvoll, den Kolbenboden einschließlich Mulde
oder Gasführungskanäle zu isolieren. Die Möglichkeiten sind mannigfaltig.

Einige Beispiele werden im Folgenden gezeigt:

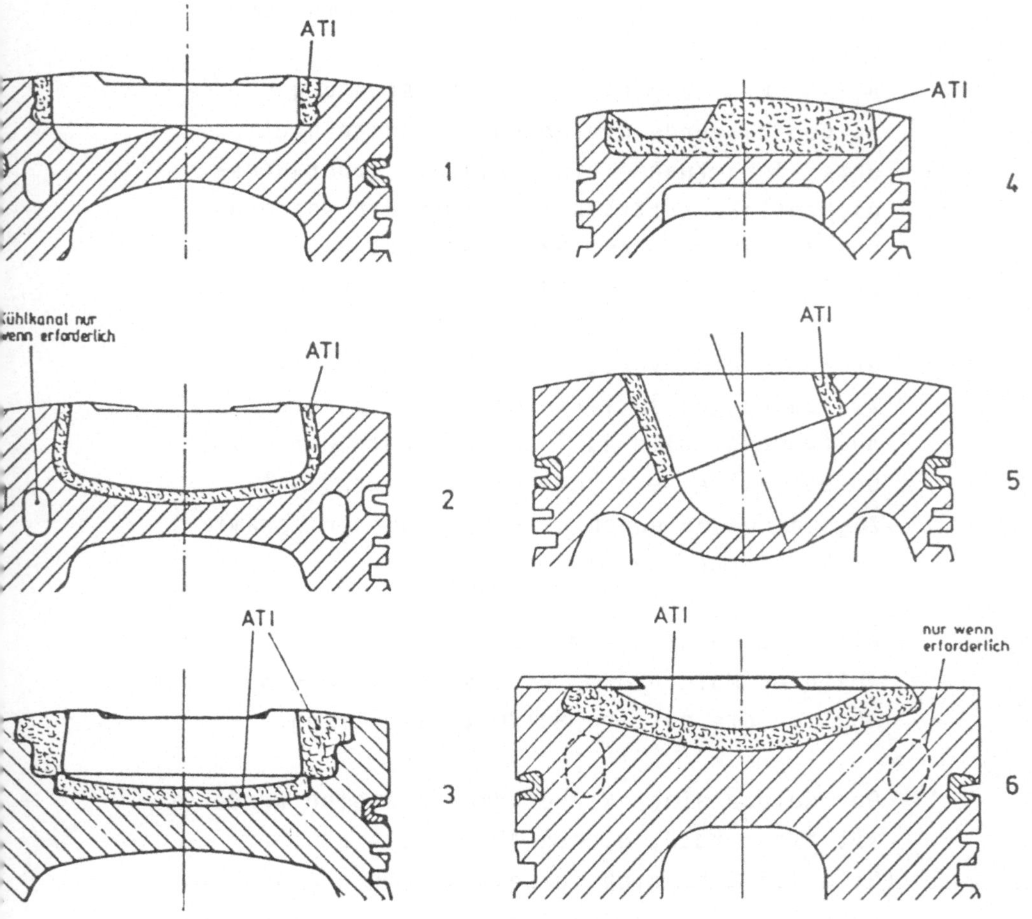

Bild 4   Keramische Kolbenarmierungen

Bild 4.1 zeigt einen ATI-Muldenrandschutz,
welcher die bei hohen Wärmebelastungen
möglichen Muldenrandrisse verhindern soll.
Mit dieser ersten Entwicklungsstufe wurde
ein 1000-Stunden-Dauerlauf im harten Wechsel-
lastprogramm erfolgreich durchgeführt.

Dies ermutigte zu umfangreicheren Kolben-
isolationen. Bild 4.2 und 4.3 zeigen 2
untersuchte Ausführungen mit Kolbenmulden-
isolation. Um auch dem Muldenboden der
ATI-Auskleidung eine Druck-Vorspannung
zu geben, wurde dieser konkav ausgeführt
unter Inkaufnahme eines kleinen Verbrauchs-
nachteiles. Kritisch ist immer der Übergang
vom Muldenboden zur Wand. Im ersten Fall
(Bild 4.2) wurde durch eine relativ geringe
Wandstärke an der Übergangsstelle und einen
großen Radius versucht, das Auftreten von
Zugspannungen zu vermeiden. Eine andere
Ausführung (Bild 4.3),bei der auch der Kolbenboden teilweise abgedeckt ist, vermeidet
Zugspannungen durch eine Teilung der Keramik
im kritischen Bereich.

Bild 4.5 zeigt die Muldenwand-Bewehrung einer
weiteren Muldenform. Hier wäre es ohne weiteres
möglich,die gesamte Mulde zu isolieren.

Der Kolben einer Wirbelkammermaschine wurde
mit einer recht dicken ATI-Platte armiert
(Bild 4.4). Um nicht neue Abstimmungen durch-
führen zu müssen, wurden die tiefen Gasführungskanäle übernommen. Obwohl recht gute Lauf-
ergebnisse vorliegen, wäre es günstiger durch
flachere Kanäle die ATI-Platte weniger zu
schwächen.

Bild 4.6 zeigt den Kolben einer Vorkammer-
maschine mit Bodenarmierung. Auch hier wurde
versucht,durch eine günstige Form Zugspannungen
in der Keramik zu vermeiden.

Die praktischen Versuche wurden begleitet
von rechnerischen Untersuchungen. So konnte
durch Finite-Element-Rechnungen ein Bild
über den Temperaturverlauf und der Wärmeflüsse in den Bauteilen gewonnen werden.
Zur Erprobung eines Kolbens mit Isolierung
des gesamten Bodens wurde eine Ausführung
mit einer Brennraum-Verbundplatte entwickelt.

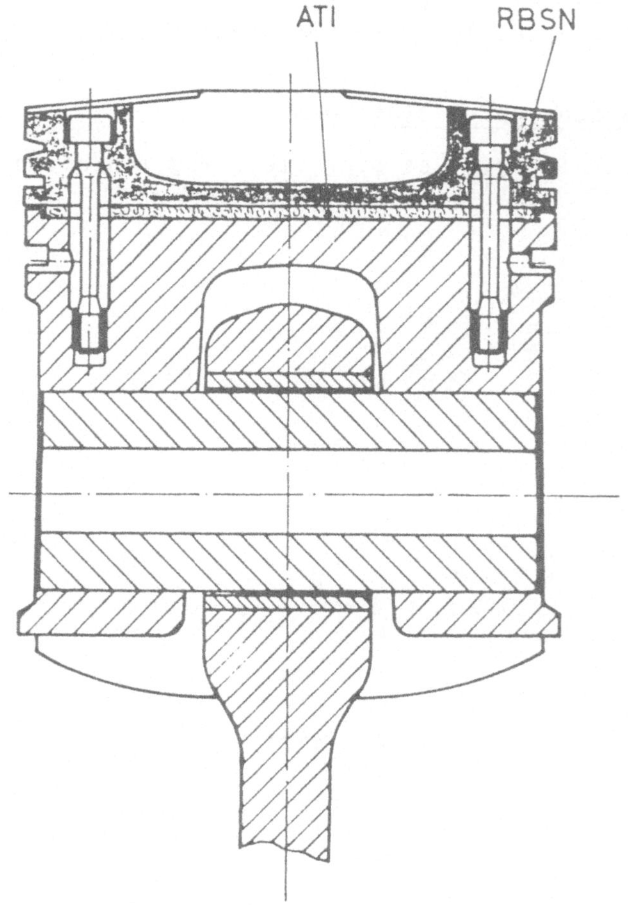

Abb. 5   Kolben mit Brennraum-Verbundplatte

Die mechanische Belastung übernahm eine
massive,angeschraubte RBSN-Bodenplatte.
Eine zwischengelegte ATI-Platte hinderte

den Wärmefluß in dem Leichtmetallkörper.
Bei hoher Last traten im Kolbenkörper
Durchbiegungen auf, die sich auf die
RBSN-Platte übertrugen und durch den großen
E-Modul-Unterschied zum Bruch der Keramik
führten. Für eine verbesserte Ausführung
müßte entweder die Keramikplatte so kräftig
sein, daß sie die Kräfte aufnimmt,oder der
Grundkörper so gestaltet werden, daß er
keine zu großen Durchbiegungen erfährt.

4.2   Zylinderkopf-Isolationen

Auch hier gibt es sehr viele Möglichkeiten.

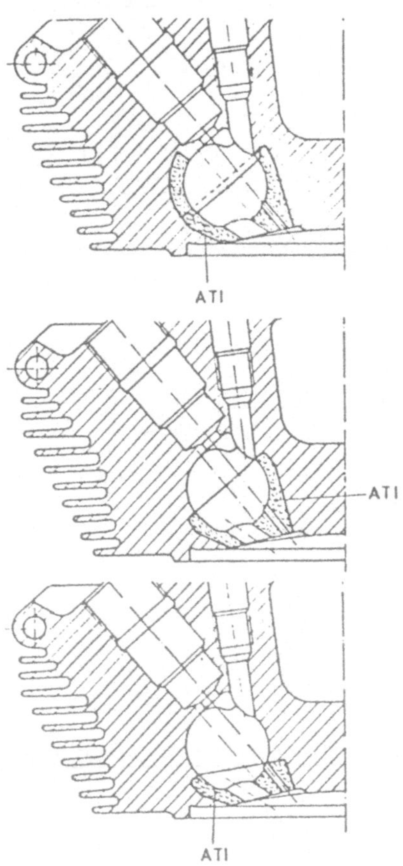

Bild 6   Keramische Wirbelkammer-Auskleidungen

Mit keramischen Wirbelkammer-Auskleidungen
war es möglich,den Wärmefluß in den Kopf
zu verringern und kritische Temperaturen
zu senken.

Durch eingegossene ATI-Platten läßt sich
der Stegbereich schützen und Stegrisse
vermeiden. Bild 7 zeigt eine umfangreiche
Armierung des Kopfbodens.

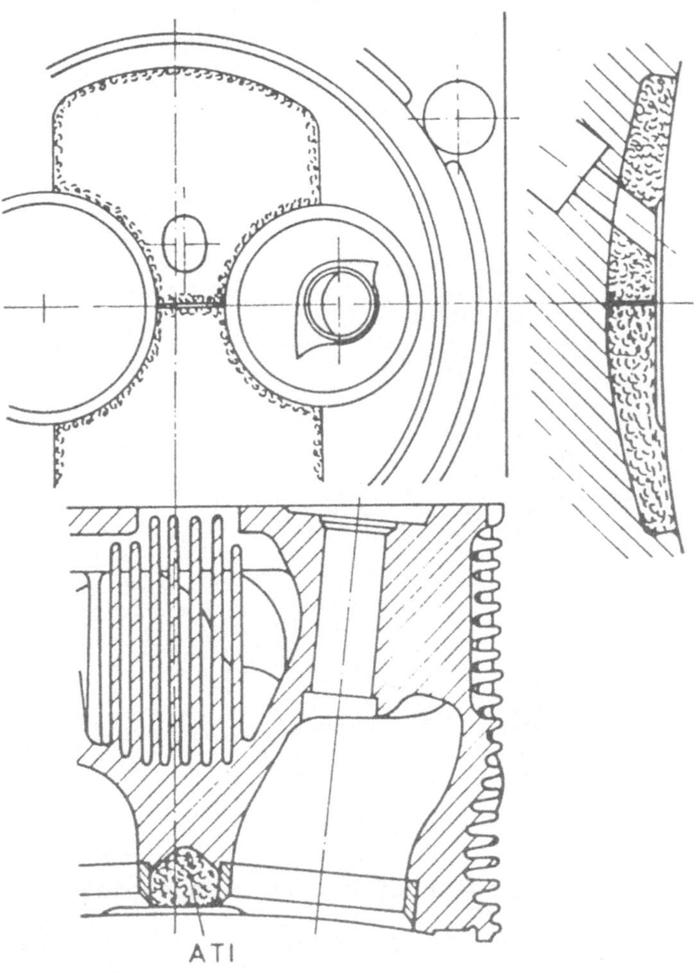

Bild 7 Zylinderkopfarmierung

Da auch in der Keramik Stegrisse auftraten,
wurde durch deren Unterteilung Abhilfe ge-
schaffen.

eine Ausführung mit dickwandiger Kalotten-
platte entwickelt. Wegen der hohen Be-
lastungen, vor allem bei den Ventilsitzen,
wurde Zirkonoxid verwendet.

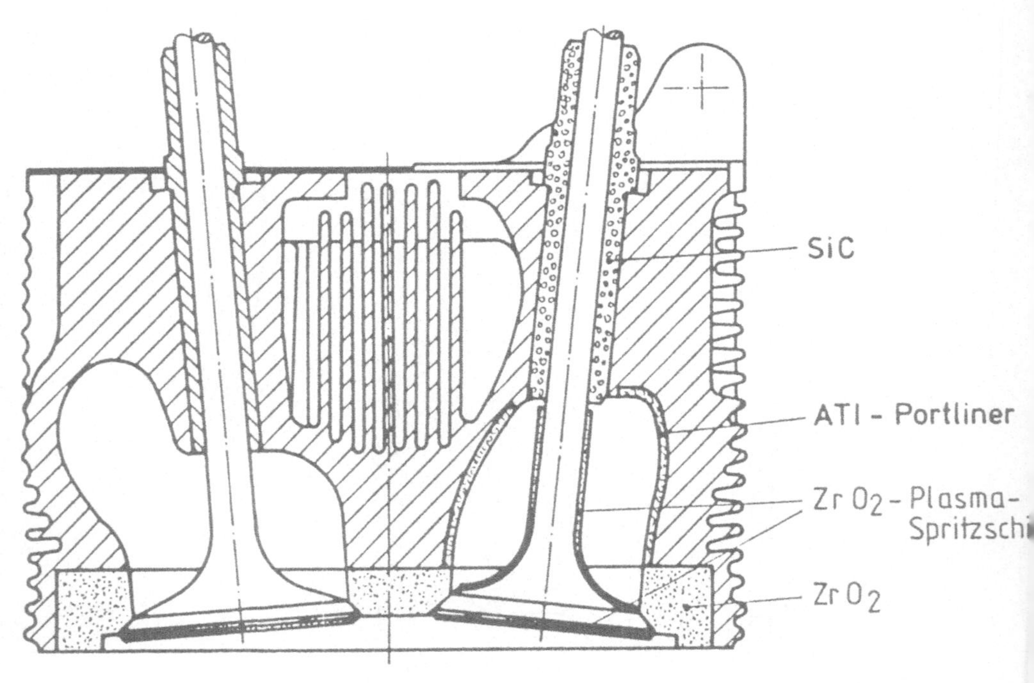

Abb. 8   Zylinderkopf mit ZrO_2-Bodenplatte

Wie eingangs erwähnt, treten durch die große Wärmedehnung und den ebenfalls großen E-Modul hohe
thermische Eigenspannungen auf, die häufig zum
Bruch führen. Wegen der mangelnden Ventilkühlung
über die Sitze wurden die Ventile mit einer ZrO_2-

Spritzschicht isoliert und die Auslaßventile
mit Natrium gekühlt.

4.3 Keramische Zylinderauskleidungen

Wie erwähnt, ist es mit den heutigen Schmier-
mitteln nur möglich,den obersten Zylinderbereich zu isolieren.

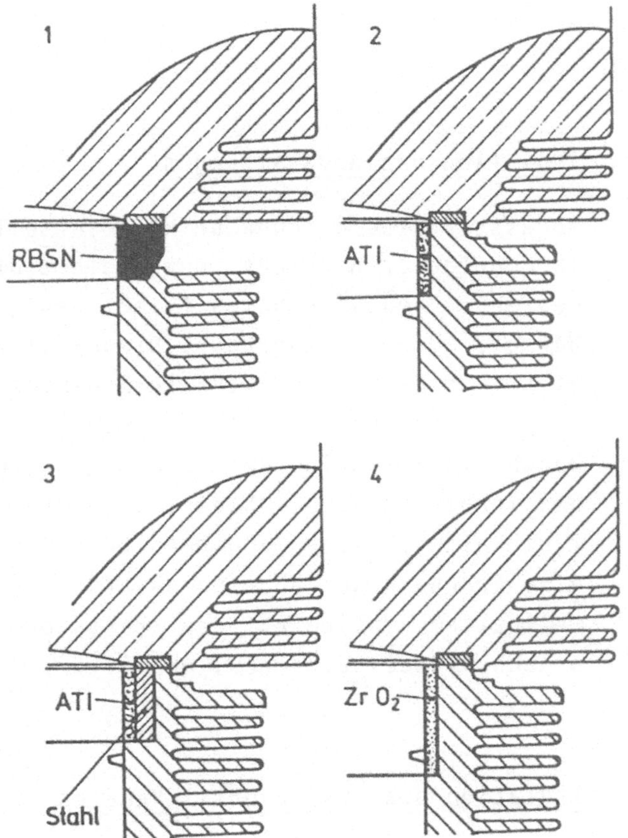

Abb. 9   Keramische Zylinderauskleidungen

Ein nach Bild 9.1 zwischengelegter RBSN-Ring
hatte wegen aufgetretener zu hoher Zugspannungen
keine große Lebensdauer. Eine ATI-Auskleidung
(Bild 9.2) war dem zeitweisen Berühren durch
den Kolben nicht gewachsen. Eine Vergrößerung
des Feuerstegspieles wurde wegen anderer Nachteile nicht vorgenommen.

Es wurde daher auf Zirkonoxid überge-
gangen und damit gute Erfolge erzielt, sogar
mit etwas längeren Büchsen (Bild 9.4),
bei denen der 1. Kolbenring über die
Stoßfuge läuft. Wichtig ist bei dieser
Ausführung der stufenlose Übergang
von Metall auf Keramik. Damit hat man
auch die Möglichkeit,den Zwickelver-
schleiß herabzusetzen.

5.   Isolation des Abgasstranges

Abgasstrangisolationen bringen Vorteile
in mehrfacher Hinsicht. Durch die Isolation
des Auslaßventil-Kanales fließt weniger
Wärme in den Zylinderkopf. Dieser bleibt
nicht nur kälter, es wird auch weniger
Wärme an das Kühlmittel abgegeben.
Durch die Isolation der Abgasleitung und
des Turbinengehäuses bleibt der Motor-
raum kälter. Beide Maßnahmen bewirken
eine Erhöhung der Abgastemperatur mit vor-
teilhaftem Einfluß auf den Kraftstoffverbrauch, Katalysator bzw. Rußfilter.

5.1   Isolation des Auslaßventil-Kanales

Der eingegossene ATI-Portliner hat sich in
der Praxis gut bewährt.

Von Audi wurde damit eine größere Zahl
von Vorserienmotoren ausgerüstet.
Bei Porsche und KHD wird er bereits
in der Serie eingebaut.

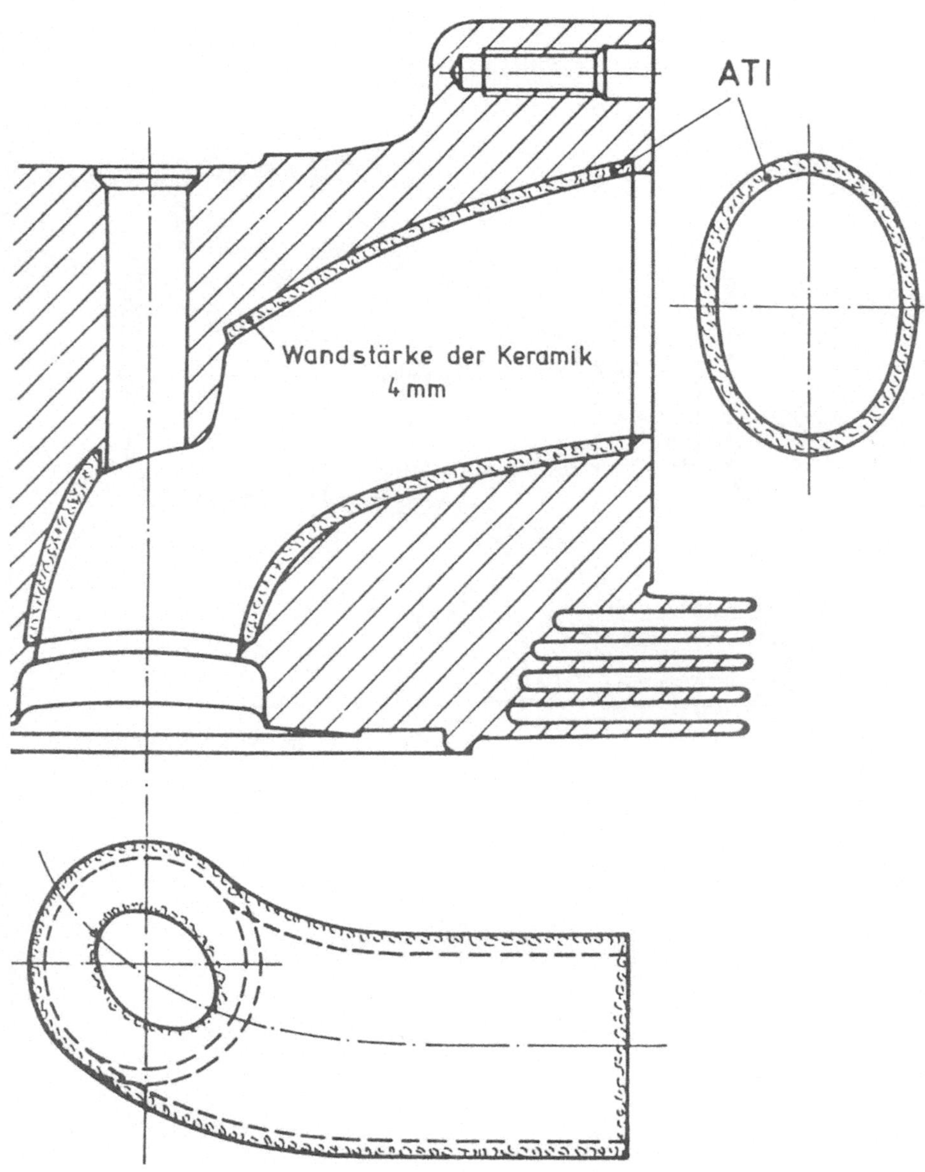

Bild 10   Portliner

Wichtig ist auch beim Portliner die keramikgerechte Ausbildung. Ebene Wände müssen
unbedingt vermieden werden. Mit 4 mm Wandstärke ließ sich beim untersuchten Motor
der Wärmefluß um 60 % reduzieren.

Ein wesentlich höherer Isolationsgrad läßt
sich mit einer Keramikfaser-Isolation erreichen.

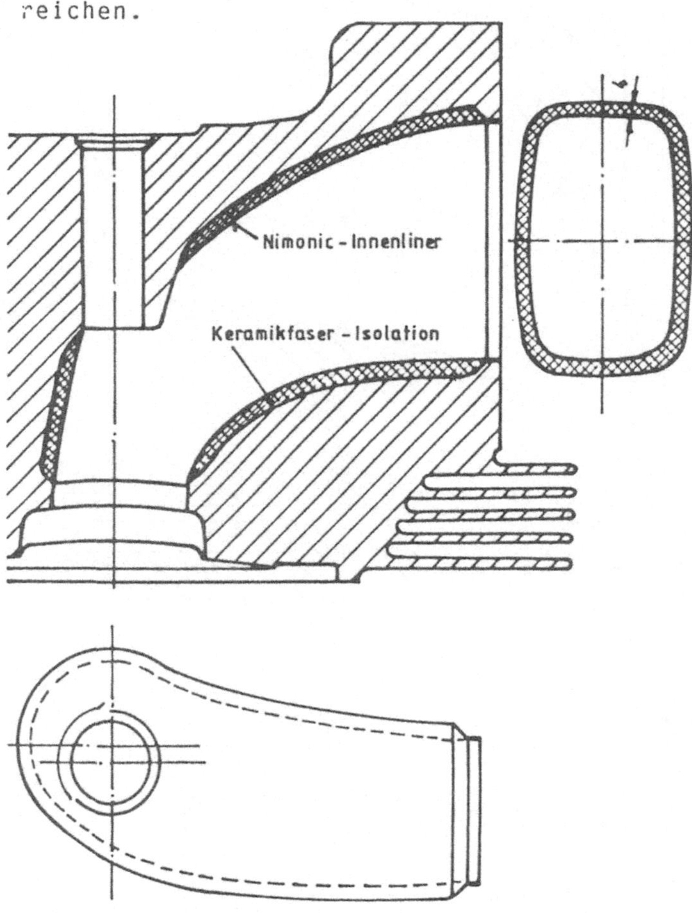

Bild 11   Isolite-Liner

Ein Schutz des Fasermaterials durch einen
Innenliner ist erforderlich.

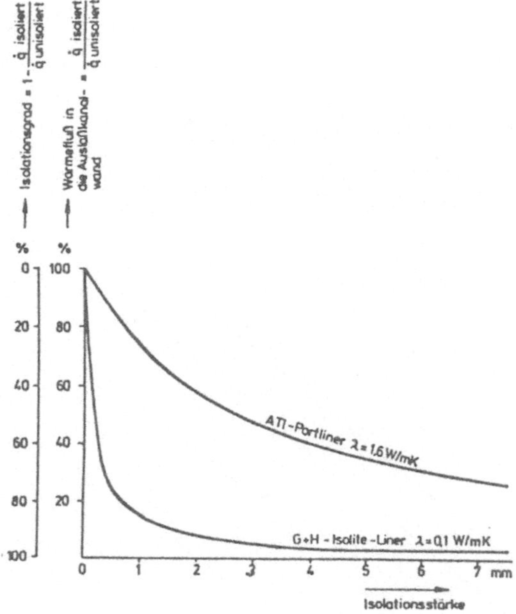

Bild 12   Wärmeflüsse im Zylinderkopf mit
Auslaßkanal-Isolationen.
Wie Bild 12 zeigt, kann mit der Faserisolation
ein Isolationsgrad von 95 % erreicht werden.

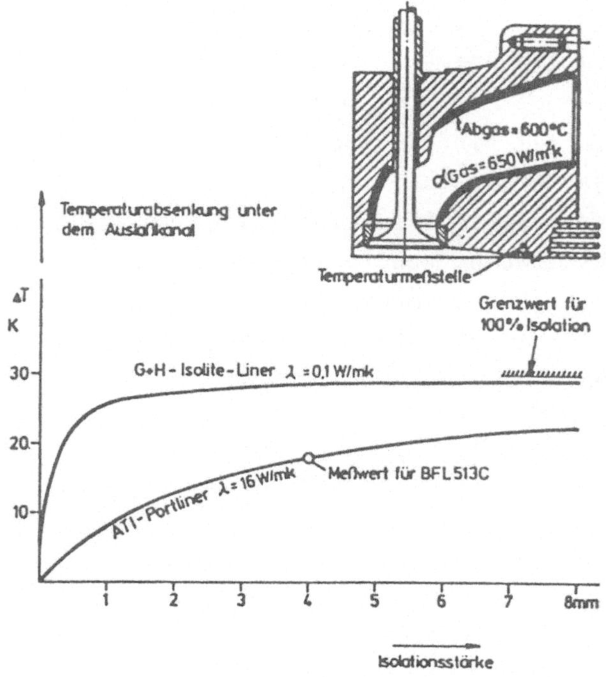

Bild 13   Zylinderkopf-Temperatursenkung durch
Auslaßkanal-Isolationen

Die Bauteiltemperatur konnte mit der Faserisolation um 28 K gesenkt werden.(Bild 13)

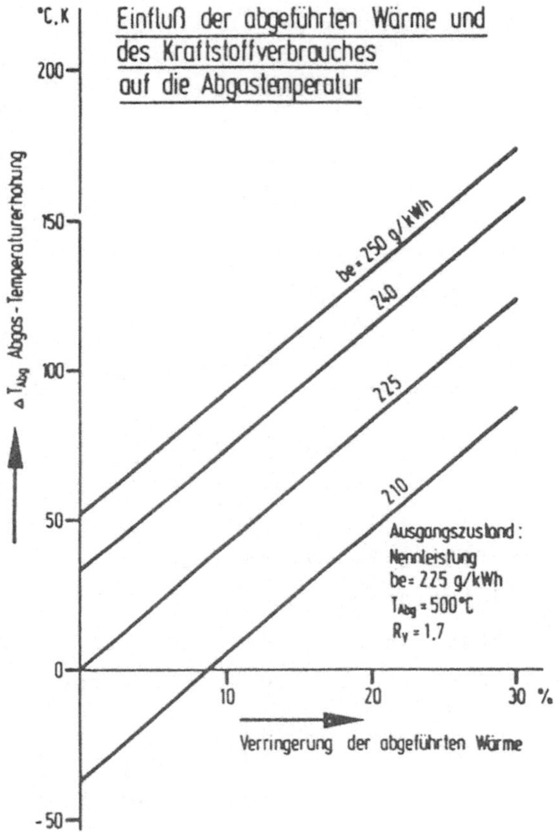

Bild 14   Einfluß von Motorisolationen auf die
Abgastemperatur.
Durch den Isolite-Liner wird die Bauteil-
Kühlwärme um rund 13 % gesenkt und die Abgastemperatur um mehr als 50 K angehoben, sofern
nicht der Abgasturbolader den Ladedruck beeinflußt.

5.2   <u>Isolierte Abgasrohre</u>

Nachstehendes Bild zeigt ein Aluminium-
abgasrohr mit eingegossener ATI-Isolation.

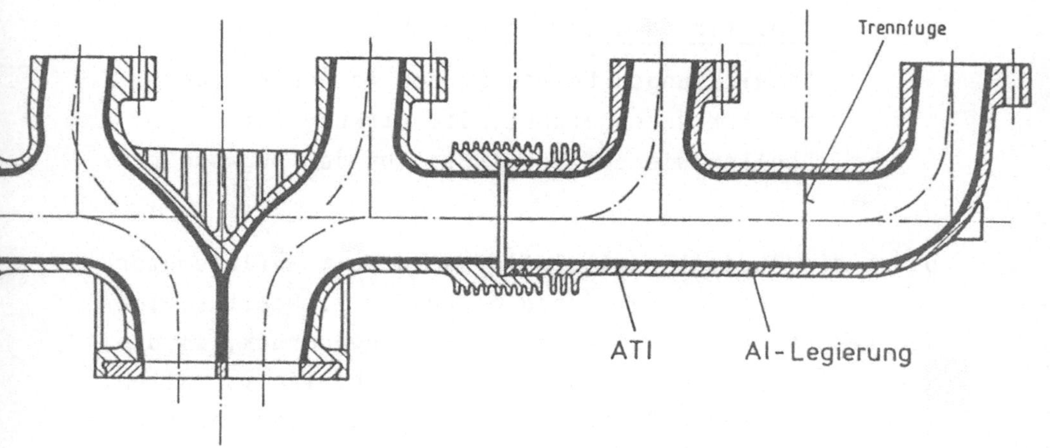

Bild 15   Abgasrohr mit ATI-Auskleidung.

Um die Temperatur im Leichtmetall in den zu-
lässigen Grenzen zu halten, ist eine Außen-
kühlung erforderlich. Es ist auch möglich,das
ATI-Innenrohr in Grauguß einzugießen.

Beim untersuchten Leichtmetall-Abgasrohr waren
zur Aufnahme von Wärmedehnungen nach jedem
2. Stutzen Schiebeglieder vorgesehen. Trotzdem
traten nach kurzer Laufzeit Risse in der Keramik
auf. Mit einer Trennfuge (Bild 15) konnte das
Auftreten dieser Risse verhindert werden.

Neben KHD haben auch andere Firmen isolierte Abgasleitungen entwickelt. Audi
hat im Rahmen des Kebodprojektes mehrere
Varianten für PKW-Motoren erprobt. Erfolgversprechend sind auch hier Keramik-
Faserisolationen.

5.3 Isolation des Turbinengehäuses

Entwicklungsarbeiten wurden in Deutschland
bei KKK durchgeführt. Die Wirkung ist
ähnlich wie bei der Isolation des Abgasrohres.

Durch die Abgasstrangisolation wird beim AufladEmotor
der Abgasturbine mehr Energie zugeführt. Damit steigt
der Ladedruck bzw. sinkt der Abgas-Gegendruck, so daß
durch die günstigere Ladungswechselschleife vor allem
im unteren Drehzahlbereich eine Wirkungsgradverbesserung
bis zu 3 % gemessen wurde. Dabei übt die Ventilkanal-
Isolation den Haupteinfluß aus.

6. Heißbauteile

Dank ihrer hohen Temperaturbeständigkeit kann
Keramik an Stellen mit hoher thermischer Belastung verwendet werden.

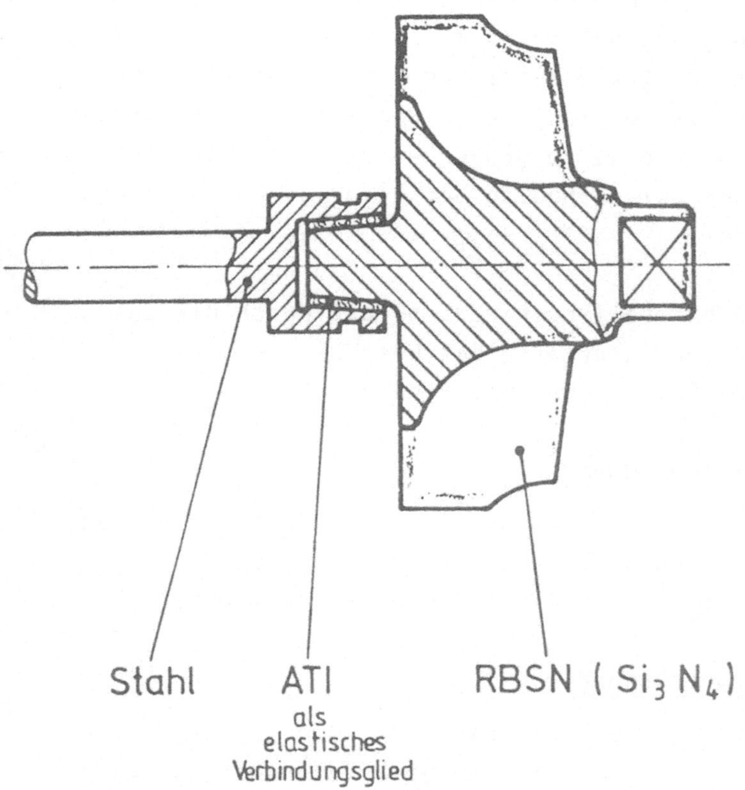

Bild 16   Abgasturbinenrotor

Während Dieselmotoren mit den vorhandenen
metallischen Werkstoffen noch gut auskommen,
wird bei Ottomotoren bereits die Grenze der
thermischen Dauerfestigkeit erreicht. Leider
ergeben sich mit Keramik noch Probleme hinsichtlich
Festigkeit und Materialgleichmäßigkeit,
so daß die gewünschten Umfangsgeschwindigkeiten
noch nicht erreicht werden.

Es werden aber von verschiedenen Herstellern
große Anstrengungen für serientaugliche
Lösungen gemacht.
Interessant ist beim gezeigten Rotor (Bild 16) die
von Rosenthal-Technik, heute Hoechst-CeramTec,
entwickelte Befestigung auf der Welle. Durch
den extrem niedrigen E-Modul besitzt Aluminiumtitanat eine so große Federwirkung, daß mit
einer Zwischenhülse der Rotor gehalten werden
kann.

Erwähnt soll noch werden, daß durch die geringere Rotormasse das Beschleunigungs-
verhalten verbessert wird.

6.2   Heißlagerungen

Bei hoher Temperatur und mangelnder Schmierung,
wie z. B. bei Abgasklappen oder bei Wastgate-
Ventilführungen,kann Keramik von Vorteil sein.

6.3   Wärmetauscher

Diese sollen nur erwähnt werden. Sie sind interessant für eine Abgaswärmeverwertung. Auch
für die Verbrennungs-Turbinen-Entwicklung sind
sie von Interesse.

6.4   Rußfilter und Katalysatoren

Für diese werden heute vorwiegend keramische
Körper verwendet. Vor allem beim Rußfilter
sind noch Entwicklungsarbeiten zu leisten.

7.   **Verschleißminderung**

Durch die hohe Temperaturbeständigkeit
und die große Härte der meisten Keramiksorten wird eine Lebensdauererhöhung
von Verschleißteilen angestrebt. Hier
nur einige Stichworte der möglichen Einsatzfälle:
Ventilsitzringe, Ventilführungen, Nocken für
den Ventilantrieb bzw. die Stössel oder
Schlepphebel. Die keramischen Zylinderbüchsen
sollen hier nochmals angeführt werden.

8.   **Korrosionsschutz**

Vor allem Oxidkeramik ist sehr oxidations-
beständig. Es wurde daher versucht, Vorkammer-
unterteile aus Keramik zu verwenden. Dies ist
vor allem bei Verwendung stark schwefelhaltiger
Kraftstoffe von Bedeutung.

9.   **Gewichtsreduktion**

Mit Ausnahme von Zirkonoxid liegt die Dichte
der Keramikwerkstoffe in der Größenordnung
von Leichtmetall. Eine Verwendung bei stark
beschleunigten Teilen kann Vorteile bringen.
Erwähnt sollen werden: Kolbenbolzen und Ventil-
steuerungsteile.

Keramik läßt sich im Verbrennungsmotor an vielen Stellen
verwenden. Es wurde schon sehr viel untersucht, doch
sind die Entwicklungen erst am Anfang, und es
wird noch einige Zeit vergehen,bis Keramik im Motorenbau
eine breitere Anwendung findet. Die ersten Hürden sind
genommen. In Zukunft wird man auf Keramik im Verbrennungsmotor nicht mehr verzichten können.

Keramische Fasern für wasserfeste Leichtmetalle

von S. Mielke

Einleitung:

Setzt man keramische Werkstoffe für mechanisch belastete Bauteile ein, so muß
man als erstes akzeptieren, daß keramische Werkstoffe nie rißfrei sind.
Allerdings ist dies für mit Metallen arbeitende Ingenieure keine allzu große
Umstellung. Auch Metalle sind fehlerbehaftet und bei den hochfesten Sorten muß
man davon ausgehen, daß diese Risse sobald eine kritische Last überschritten
wird, wachsen. Das Rißwachstum für keramische Werkstoffe kann über mittler-
weile allgemein bekannte bruchmechanische Beziehungen abgeschätzt werden. Eine
zweite Besonderheit ist die Tatsache, daß das Volumen eines Bauteiles die
Festigkeit maßgeblich mitbestimmt. Auch dies wieder ein Befund, der auch bei
Metallen in bestimmten Bereichen durchaus bekannt ist. Wie stark der Volumen-
einfluß sich auswirkt, kann in erster Näherung anhand der Größe des
Weibullmoduls eingeschätzt werden. Unabhängig vom Weibullmodul selbst gilt
jedoch, je kleiner das Bauteil um so höhere Fertigkeiten sind zu erreichen.

Die kleinsten "Bauteile", will man sie als solche bezeichnen sind Fasern oder
im Extremfall Whisker. Der Begriff Faser ist über die Geometrie definiert.
Eine Faser ist ein schlankes Gebilde mit einem Verhältnis von Länge zu größtem
Durchmesser von mindestens 10:1 und einer Querschnittsfläche unter 0,05 mm².
Als Whsiker bezeichnet man nadelförmige Einkristalle. Im technischen Sprach-
gebrauch wird der Begriff weniger streng gehandhabt. Bei vielen Whiskern sind
Zweifel erlaubt, ob es sich um Einkristalle handelt oder nicht. Üblich ist es
von Whiskern zu sprechen, wenn der Durchmesser deutlich unter einem Mikrometer
liegt. Whisker sind damit um mindestens eine Größenordnung "feiner" als Fasern.

Diese kleinen Bauteile haben nun den Vorteil sehr hoher Festigkeiten. Bei
Aluminiumoxid werden z.B. im Zugversuch an Fasern gut reproduzierbar Bruch-
festigkeiten über 2000 N/mm² erreicht. Bei massiven Aluminiumoxid ist ein
Zehntel dieses Wertes schon durchaus akzeptabel.

Hat man sich eine zeitlang mit Massivkeramik beschäftigt und erlebt wie mühsam
die Festigkeitskennwerte und was noch wichtiger ist die Weibullmodulen klet-
tern, dann erscheint einem die Faser als der ideale Werkstoff. Natürlich kann
man aus Fasern nicht unmittelbar ein hoch belastbares Bauteils machen. Man muß
den Weg über den Verbundwerkstoff gehen. Es gibt unterschiedliche Formen von
Werkstoffverbindungen. Bei einer Form sind die Fasern in einem zweiten Werkstoff, den man dann Matrix nennt, eingebettet. Über die Herstellung und die
mechanischen sowie physikalischen Eigenschaften eines Verbundwerkstoffs bestehend aus keramischen Fasern oder keramischen Whiskern und einer Aluminium-
Silizium-Matrix möchte ich Ihnen im folgendem berichten.

Struktur		amorph			kristallin	
Al_2O_3 Gew. %		47	63	41	85	95
SiO_2 Gew. %		52	36	55	15	5
Cr_2O_3 Gew. %		-	-	-	-	-
Schmelztemp.	°C	1760	1800	1785	1950	2000
Klass. Temp.	°C	1260	1400	1400	1600	1600
mittlere Faserdurchmesser	µm	2-5	3-6	2-5	7	3
Dichte	g/cm^3	2,58	2,63	2,61	3,40	3,58

Bild 1   Standardfasern aus dem Al_2O_3-SiO_2 System

Handelsname		Saffil RF-Grade	Saffil RG-Grade	Kaowool	Fiberfrax
Chemische Zusammensetzung Hauptbestandteile % Al_2O_3 SiO_2		96-97 3-4	96-97 3-4	47 53	48 52
Schmelzpunkt	°C	> 2000	> 2000	> 1800	> 1800
max. Betriebstemperatur	°C	1680	1600	1250	1260
Bruchfestigkeit	N/mm^2	2000	1000-2000	1400	1600
Elastizitätsmodul	N/mm^2	3×10^5	$3-3,3 \times 10^5$	$1,2 \times 10^5$	$1,04 \times 10^5$
Dichte	g/cm^3	3,3	3,3-3,5	2,6	2,73
mittl. Faserdurchmesser	µm	3	3	2	2-3
Kristall-Phase		vorwiegend δ-Al_2O_3	vorwiegend α-Al_2O_3	δ und amorph	amorph
Härte (Mohs-Skala)		7	7-9	7	7

Bild 2   Eigenschaften verschiedener Fasern

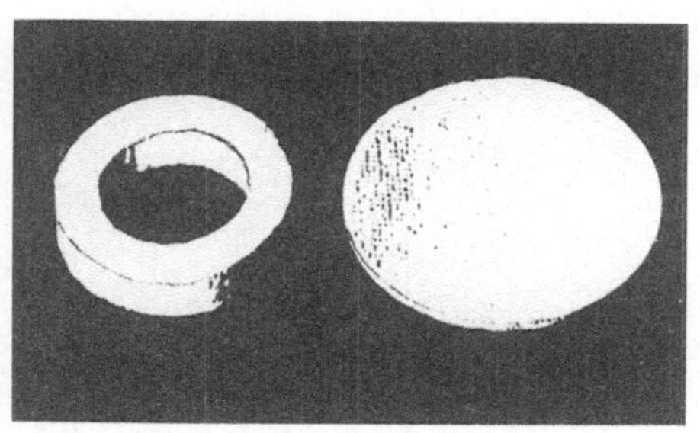

<table>
<tr><td>Dichte</td><td>0,6-0,7 g/cm^3</td></tr>
<tr><td>Porosität</td><td>80 %</td></tr>
<tr><td>Biegefestigkeit</td><td>0,5 MPa</td></tr>
</table>

<u>Bild 3</u> Faserformkörper aus gebundenen Al$_2$O$_3$-Kurzfasern

<u>Bild 4</u> Eigenschaften eines Faserformkörpers

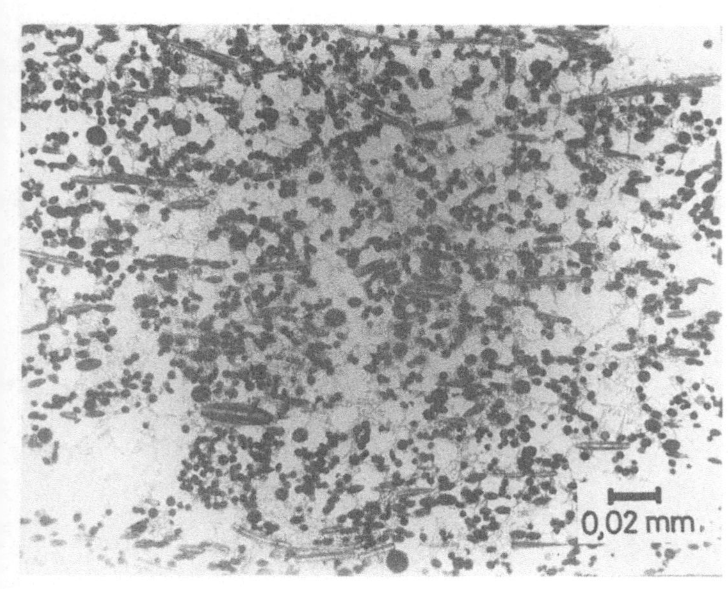

<u>Bild 5</u> Gefüge der mit Al$_2$O$_3$-Kurzfasern verstärkten Kolbenlegierung KS 1275

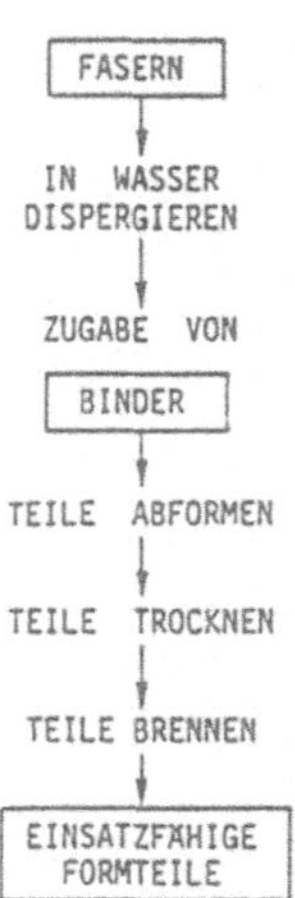

Bild 10   Herstellschema für Faserformkörper

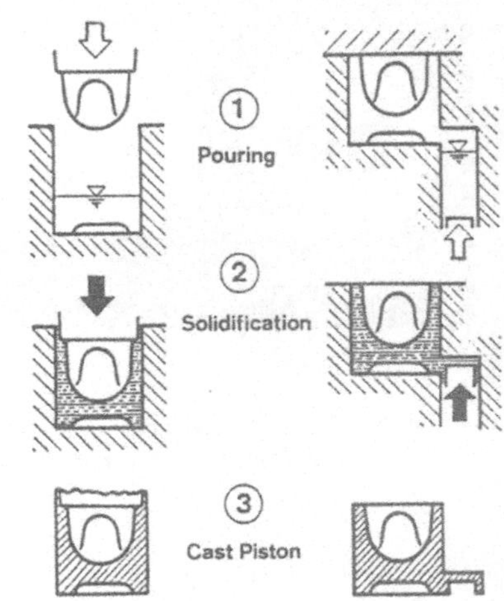

Bild 11   Preßguß, direktes und indirektes Verfahren

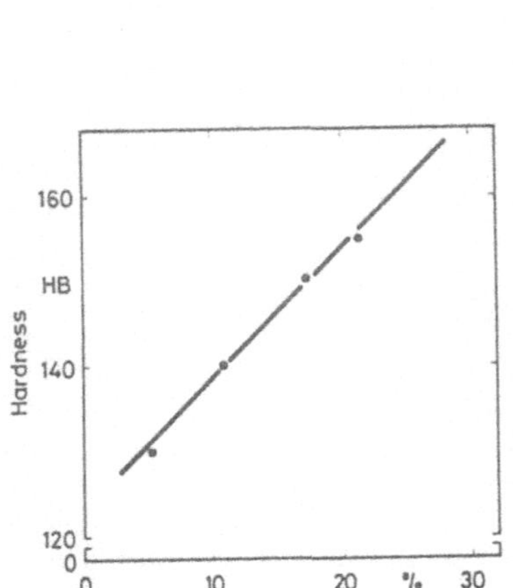

Bild 12   Härte des Verbundwerkstoffs in Abhängigkeit des Al_2O_3-Fasergehaltes

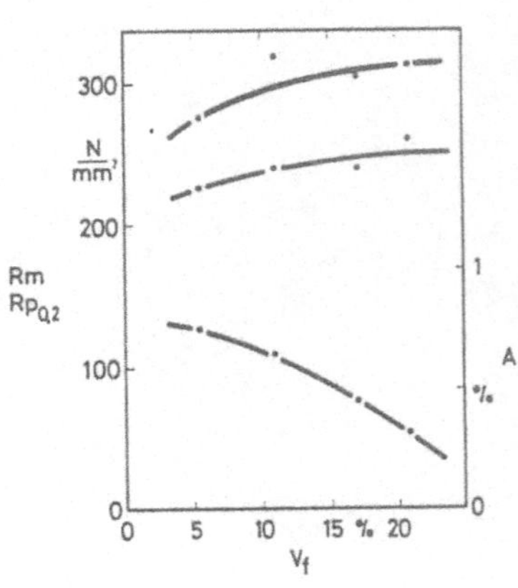

Bild 13   Kennwerte des Zugversuchs als Funktion des Fasergehaltes

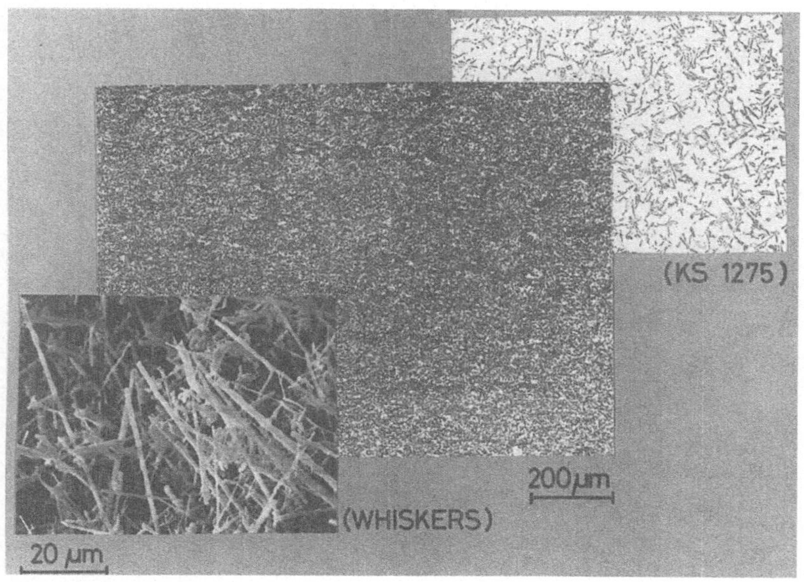

Bild 6   Gefüge der mit SiC-Whiskern
         verstärkten Kolbenlegierung
         KS 1275

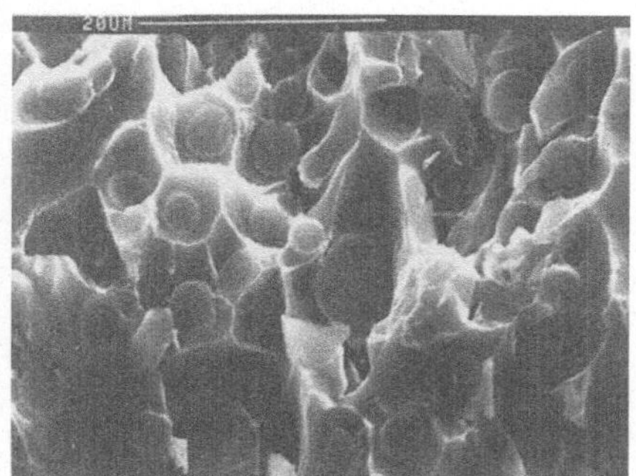

Bild 7   Bruchgefüge des Verbundwerk-
         stoffs/Zugversuch

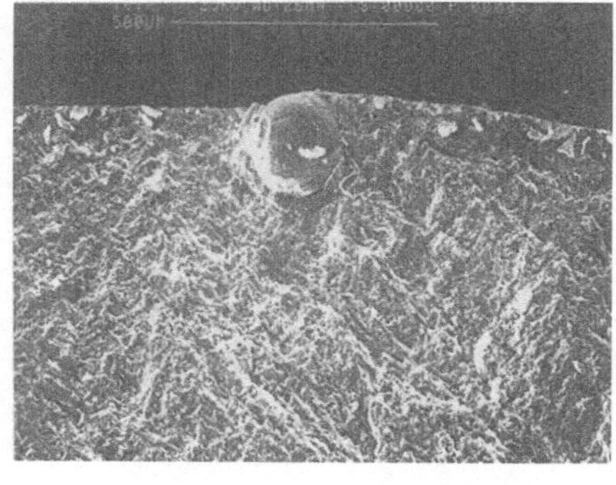

Bild 8   Dauerbruch von einem Ein-
         schluß ausgehend (Bruch-
         fläche)

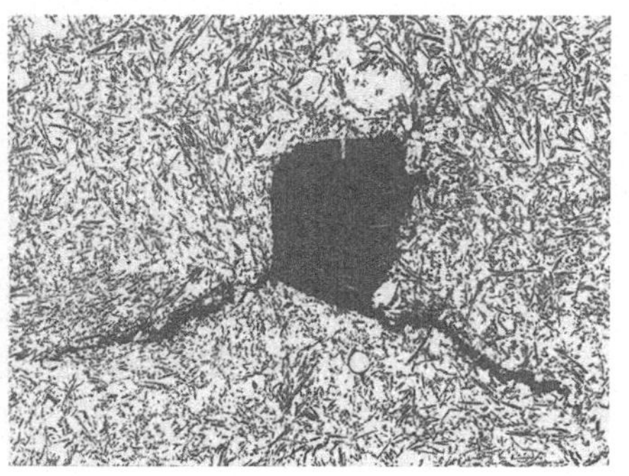

Bild 9   Risse nach einem Schwing-
         versuch von einem keramischen
         Partikel ausgehend (Anschliff)

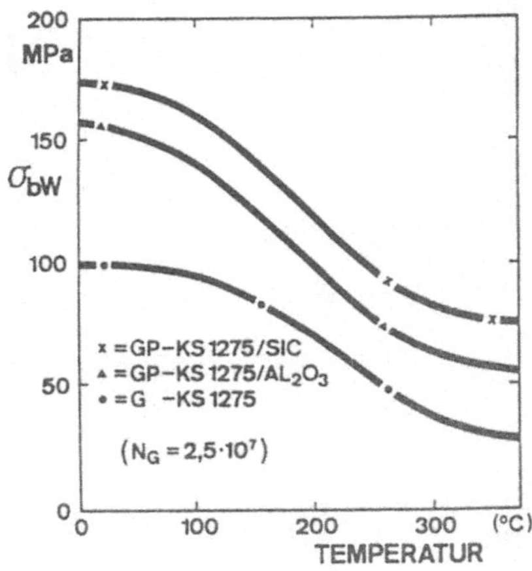

Bild 14 Schwingfestigkeiten des
         Verbundwerkstoffs im
         Vergleich

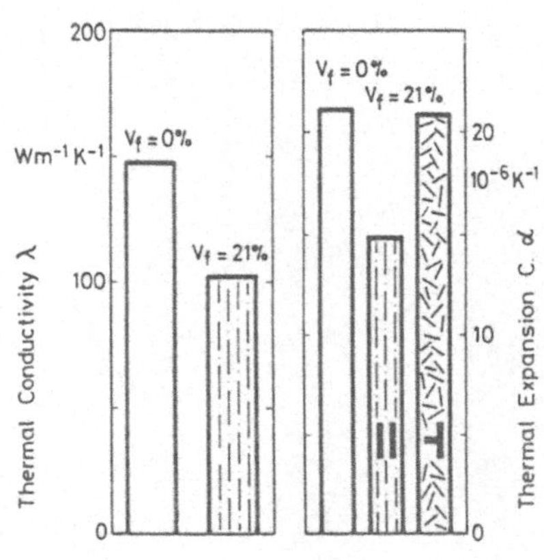

Bild 15 Physikalische Eigen-
         schaften des Verbund-
         werkstoffs

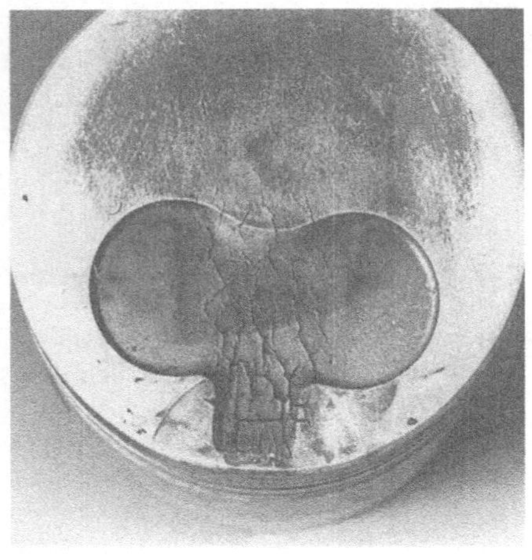

Bild 16 Kolbenboden mit
         Temperaturwechselrissen

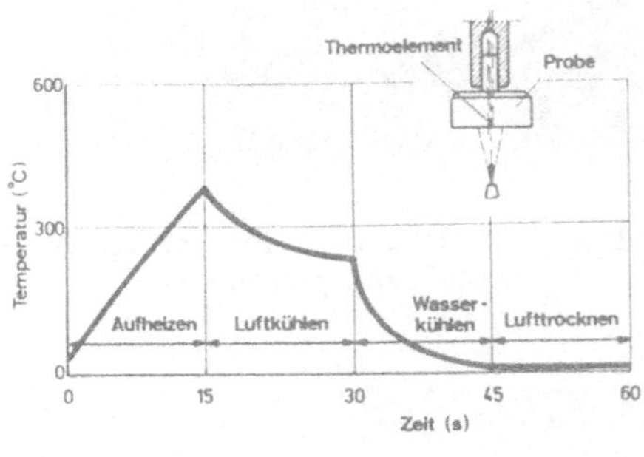

Bild 17 Prüfzyklus zur Bestimmung
         der Temperaturwechsel-
         festigkeit von Aluminium

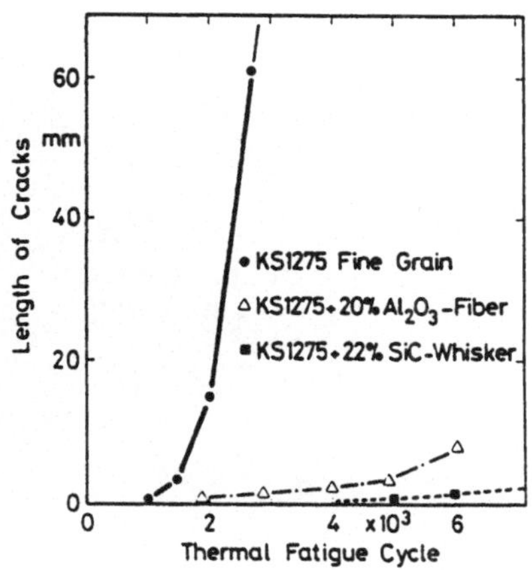

Bild 18   Temperaturwechselbeständig-
keit, verstärkt und unverstärkt im Vergleich

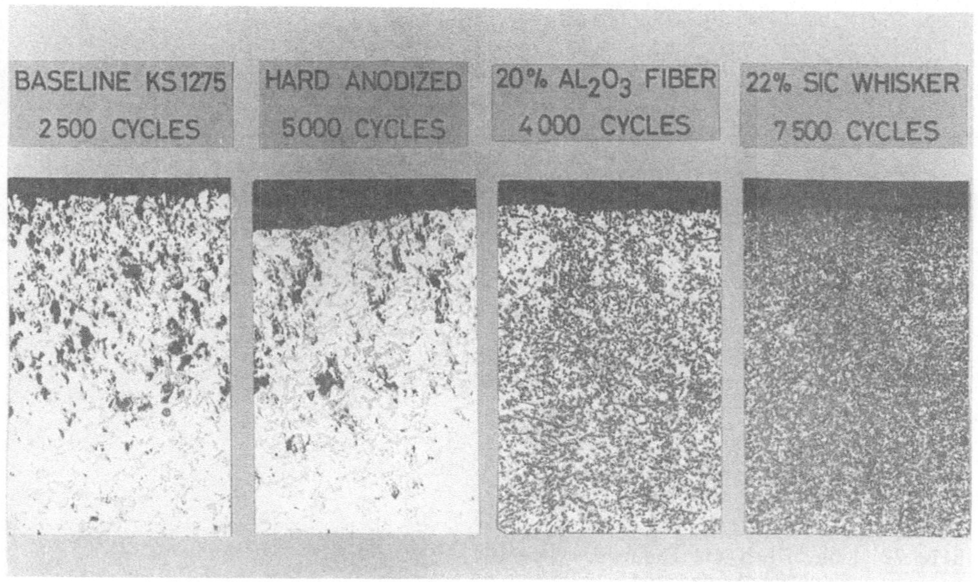

Bild 19   Tiefenschädigung nach
Temperaturwechsel-
beanspruchung

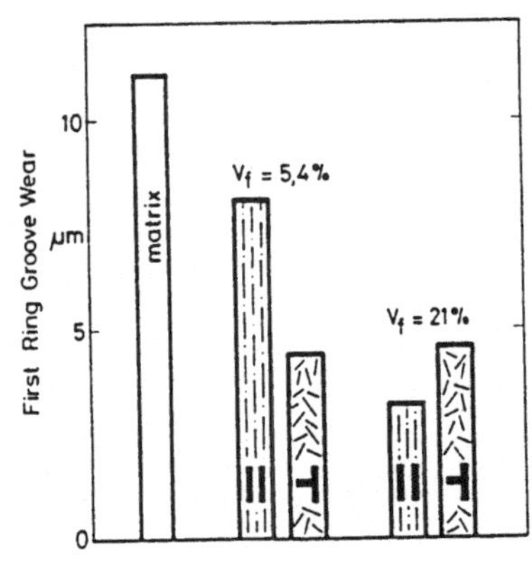

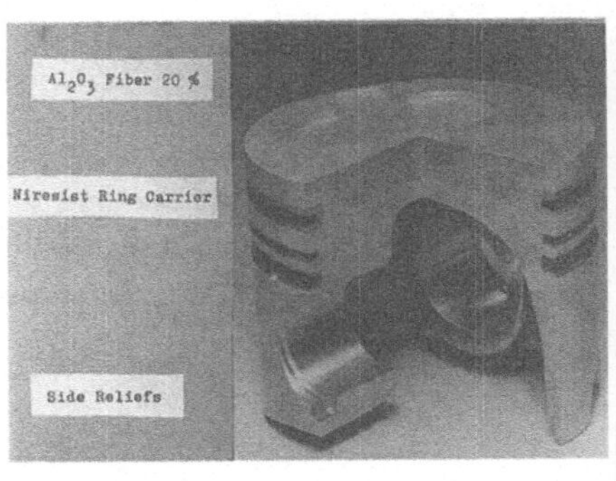

Bild 20 Axialer Verschleiß der
1. Ringnut, verstärkt/
unverstärkt

Bild 21 Faserverstärkter PKW-
Dieselkolben

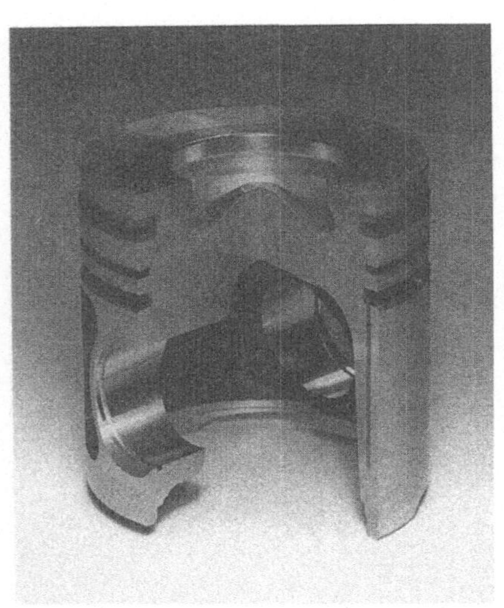

Bild 22 LKW-Kolben mit Faserver-
stärktem Muldenrand

Keramikmotoren aus Siliziumnitrid und Siliziumkarbid in Abgasturboladern

von J. Greim

1. Einleitung

Nichtoxidische keramische Werkstoffe wie Siliciumnitrid und Siliciumcarbid haben in den letzten 15 Jahren aufgrund einiger herausragender Eigenschaften stark an Bedeutung gewonnen. Bauteile aus Siliciumnitrid oder Siliciumcarbid bewähren sich überall dort, wo hohe Anforderungen an die Festigkeit bei hohen Temperaturen und an den Verschleißwiderstand unter korrosiven und abrasiven Bedingungen gestellt werden. Damit finden diese keramischen Werkstoffe immer häufiger Anwendung in unterschiedlichen Bereichen der Technik, wo sie bisher übliche Werkstoffe übertreffen und diese nun substituieren und damit neue maschinen- und verfahrenstechnische Einsatzmöglichkeiten eröffnet werden. Gerade in bezug auf die Anwendung bei hohen Temperaturen sind Si_3N_4 und SiC oxidischen Werkstoffen wie Al_2O_3 und ZrO_2 deutlich überlegen (Abb. 1).

2. Si_3N_4 und SiC als Werkstoffe für das Turbinenlaufrad in Abgasturboladern

Der Einsatz keramischer Komponenten im Motorenbau ist der eigentliche Grund für die Popularität der keramischen Konstruktionswerkstoffe. Begonnen hat die Entwicklung in Deutschland vor etwa zehn Jahren mit staatlich geförderten Programmen zur Entwicklung einer Fahrzeuggasturbine. Heute stehen Bauteile wie Glühkerze, Vor- und Wirbelkammer, Ventilkomponenten, Kipphebel, Kolbenbolzen, Kolbenboden, Zylinderlaufbüchse und vor allem der keramische Abgasturbolader im Blickpunkt der Öffentlichkeit (Abb. 2, 3).

Die Anforderungen an einen keramischen Werkstoff für das Turbinenlaufrad in aufgeladenen Otto- und Dieselmotoren sind

- hohe mechanische Festigkeit bis zu Einsatztemperaturen über 1100 °C

- hohe Oxidations- und Korrosionsbeständigkeit

- Thermoschockbeständigkeit

und ein niedriges spezifisches Gewicht, um das Ansprechverhalten des Turboladers durch eine Reduzierung des Massenträgheitsmomentes zu verbessern.

FEM-Berechnungen und entsprechende Untersuchungen zeigten, daß die kritische
Spannung eines keramischen Turbinenlaufrades, die während des Kaltstartes
mit anschließender Beschleunigung auf Vollast auftritt, so hoch liegt, daß
sie nur von den Nichtoxidkeramiken SiC und Si_3N_4 ertragen werden kann (Abb. 4)

Nicht nur der Hochleistungsottomotor, bei dem Abgastemperaturen über
1150 °C auftreten können, sondern auch der Dieselmotor können durch den
Einsatz von Nichtoxidkeramik profitieren. Insbesondere bei den häufigen
Lastwechseln, wie sie für den Personenwagenbetrieb typisch sind, ist das
Ansprechverhalten eines Turboladers heute noch unbefriedigend. Wird für
den Turbinenrotor Nichtoxidkeramik mit nur ca. 1/3 der spezifischen Dichte des metallischen Rotors eingesetzt, so läßt sich diese Ansprechzeit
deutlich verkürzen. Da im Berstfalle weniger Energie freigesetzt wird,
kann auch das Gehäuse dünnwandiger gestaltet werden, und somit eine zusätzliche Massereduzierung des gesamten Abgasturboladers erreicht werden.

Im Vergleich zu den metallischen Rotoren ist bei den Keramikrotoren aus
SiC oder Si_3N_4 vor allem die Massereduzierung und die bessere Energieaus-
nutzung durch die Möglichkeit der Erhöhung der Abgastemperatur hervor-
zuheben.Als weiterer Vorteil einer höheren Abgastemperatur kommt vor allem
beim Dieselmotor eine Reduzierung der Schadstoffemission, speziell der
Rußpartikel, hinzu. Die zur Zeit verwendeten metallischen Superlegierungen
können nur bei Abgastemperaturen unter 1100 °C eingesetzt werden. Alu-
miniumdotiertes α-SiC hingegen behält seine hohe Festigkeit bis zu Temperaturen über 1400 °C bei. Bei Temperaturen unter 1100 °C zeichnen sich
allerdings Si_3N_4-Werkstoffe durch eine höhere Festigkeit und bessere
Thermoschockbeständigkeit aus (Abb. 5, 6).

3. Herstellung von SSiC-, SSN- und SRBSN-Radialturbinenrotoren

3.1. Das Spritzgießen als Formgebungsverfahren

Für eine Serienfertigung komplizierter keramischer Bauteile, wie z.B. der
Turboladerrotor, ist das Spritzgießen das geeignete Formgebungsverfahren
(Abb. 7).

Als Ausgangspulver für drucklos gesinterte SiC-Rotoren (SSiC) wird ein
sinterfähiges, mit Aluminium und Kohlenstoff dotiertes α-SiC-Submikron-

pulver verwendet. Die Si_3N_4-Rotoren können über zwei verschiedene Verdichtungsverfahren hergestellt werden. Für die drucklose Sinterung bzw. Gasdrucksinterung unter erhöhtem Stickstoffdruck von Si_3N_4 (SSN) dient ein mit Sinterhilfsmitteln dotiertes α-Si_3N_4-Submikronpulver. Die Herstellung der reaktionsgebundenen und anschließend nachgesinterten Si_3N_4-Rotoren (SRBSN) erfolgt mit einem mit Sinteradditiven und Nitridierhilfen versehenen Si-Pulver. Für jedes dieser drei Ausgangspulver war die Entwicklung einer geeigneten Spritzgußmasse notwendig, die sowohl im organischen Bindergehalt als auch in ihrer chemischen Zusammensetzung der Plastifizierungskomponenten dem keramischen Pulver angepaßt sein muß.

Die Spritzgußmasse stellt eine homogene Dispersion des keramischen Pulvers in einem Bindersystem aus hoch- und niedermolekularen organischen Stoffen mit einem Schmelzintervall zwischen 50 °C und 150 °C dar. Dabei beträgt der Anteil an keramischem Pulver ca. 80 Gew.-%. Das Bindersystem besteht aus einer Mischung aus thermoplastischen Kunststoffen, Gleitmitteln, Harzen, Weichmachern, Netz- und Kupplungsmitteln und muß sowohl im Hinblick auf den Spritzgießprozeß als auch auf den Entwachsungsvorgang sehr genau abgestimmt sein. Das Compoundieren der Spritzgußmasse erfolgt in einem beheizbaren Kneter bei der Temperatur der höchstschmelzenden Binderkomponente, um die notwendige Homogenität der Masse zu erreichen. Zur Beurteilung der Eignung der Spritzgußmasse dient die Ermittlung der Fließweglänge in einem speziellen Spiralwerkzeug und die Bestimmung der Viskosität mit einem Meßextruder.

Um reproduzierbare Spritzergebnisse zu erhalten, erfolgt das Spritzgießen in mikroprozessorgesteuerten und geregelten Schneckenspritzgußmaschinen. Die optimalen Spritzbedingungen können durch systematische Variation der Spritzparameter Masse- und Werkzeugtemperatur, Einspritzgeschwindigkeit, Nachdruck und Nachdruckdauer ermittelt werden.

Nach dem Spritzgießen werden die Rotoren in temperaturgesteuerten Entwachsungsöfen ausgeheizt. Die Entfernung der organischen Bindemittel läuft über eine Kombination verschiedener thermischer Reaktionen, wie Ausschmelzen, Abdampfen, Sublimieren, Depolymerisieren und Pyrolysieren und führt zu einem porösen Grünkörper, der bei geeigneter Prozeßführung weder Schwindung noch Verzugserscheinungen aufweist. Der Entwachsungsprozeß ist die kritische Phase im Herstellungsprozeß der Rotoren. Beim Aufheizen wird bei relativ niedrigen Temperaturen ein kritisches

Stadium durchfahren, in dem noch keine offenen Porenkanäle zum Entwei-
chen der sich bereits bildenden gasförmigen Entwachsungsprodukte existieren. Dadurch können der erhöhte Dampfdruck im Inneren des Spritzlings und
die bereits beim Spritzgießen aufgrund der großen Wandstärkenunterschiede
eingebrachten inneren Spannungen zur Rißbildung führen (Abb. 8, 9).

3.2. Zerstörungsfreie Prüfungen als prozeßbegleitende Untersuchungen

Für die Optimierung der einzelnen Prozeßschritte bei der Entwicklung
komplexer keramischer Bauteile ist eine prozeßbegleitende, zerstörungs-
freie Prüfung notwendig. Zur Auffindung von Rissen, Einschlüssen und
Dichteunterschieden in allen Herstellungsstadien (nach dem Spritzgießen,
Entwachsen, Sintern und Bearbeiten) wurde die Mikrofokus-Röntgendurchstrahlung zu einem Routineverfahren entwickelt, das im On-line-Betrieb
über eine Fernsehbildkette, bestehend aus Röntgenverstärker, Kamera und
Monitor, bei 20facher Vergrößerung eine Ortsauflösung von ca. 8 µm und
eine Kontrastauflösung von ca. 3 % der Wandstärke liefert. Damit ist
es möglich, Einschlüsse und Risse mit Rißaufweitungen unter 50 µm im
Rotorinneren in kurzer Zeit zu detektieren. Durch den Einsatz eines 5-
Achsen-Manipulators, der eine Betrachtung des Objektes unter langsamer
Rotation erlaubt, und damit ein vorhandener Riß in optimaler Durchstrah-
lungsrichtung erfaßt werden kann, können auch Risse unter 20 µm noch gefunden werden. Neben der aufwendigen und teueren Darstellung von Fehlern
auf Röntgenfilm ist es inzwischen möglich, über ein Bildverarbeitungs-
system eine Kontrastanhebung durchzuführen, mit der annähernd Röntgen-
filmqualität erreicht wird. Diese Bildverarbeitung wird Off-line in ca.
30 Sekunden durchgeführt und kann über einen Thermodrucker oder über
Video dokumentiert werden.
Die Grenzen der Mikrofokus-Röntgendurchstrahlung verdeutlich Abb. 10.
Oberflächennahe Fehler werden nur dann detektiert, wenn die Rißaufweitung
> 100 µm beträgt. Gerade kleinste Oberflächenfehler können jedoch ent-
scheidend die Bauteilfestigkeit beeinflussen.
Deshalb wird ergänzend zur Röntgendurchstrahlung eine Farbeindringprüfung
durchgeführt, die sowohl an gespritzten als auch an gesinterten bzw.
bearbeiteten Rotoren angewendet werden kann. Es wird ein kolloidal ge-
löstes Fluoreszenzmittel verwendet, das Spaltbreiten << 0,1 µm erschlie-
ßen kann, da die Fluoreszenz nicht an Partikel gebunden ist. Das Fluores-

zenzmittel ist selbstemulgierend, d.h. eine Nachentwicklung entfällt,
und es verhält sich in bezug auf die Plastifizierungskomponenten ge-
spritzter Rotoren chemisch neutral.

Mit Hilfe dieser beiden zfP-Methoden ist es möglich, schnell und zuver-
lässig Schwächen bei den jeweiligen Prozeßschritten zu entdecken und
damit durch gezielte Änderungen die Entwicklungszeiten und Kosten zu
reduzieren.

3.3. Sintern von SSiC, SSN und SRBSN

Die entwachsten SSiC-Rotoren werden unter Vakuum oder Schutzgasatmosphäre
in Hochtemperaturöfen mit Graphitheizern bei ca. 2100 °C drucklos ge-
sintern. Dabei wird eine Sinterdichte von ca. 3,10 g/cm³ erreicht, was
ca. 97 % der theoretischen Dichte (TD) entspricht. Bei diesem Sinterpro-
zeß tritt eine lineare Schwindung von 16 - 17 % auf, und es lassen sich
dabei Toleranzen von $\pm$ 0,5 % einhalten. Der Sintermechanismus beim SSiC
ist eine reine Festkörperreaktion ohne Verdampfungs- und Kondensations-
prozesse, wobei die Reduzierung der Porosität durch Korngrenzen- und
Gitterdiffusion erreicht wird. Die treibende Kraft für diese Diffusions-
vorgänge ist die hohe Oberflächenenergie des submikron-feinen SiC-Pul-
vers. Dabei ist die Abnahme der inneren Oberfläche gleichbedeutend mit
einer Zunahme an chemischen Bindungen. Eine weitere Dichtesteigerung
auf ca. 99 % TD von drucklos gesintertem SSiC kann durch heißisostatisches Nachverdichten (HIPSSiC) in einer heißisostatischen Presse (HIP)
bei Temperaturen zwischen 2000 °C - 2100 °C und einem Gasdruck von
2000 bar erreicht werden. Bei geeigneten HIP-Parametern lassen sich
außer der Dichtesteigerung auch die Festigkeit, Kriechfestigkeit,
Oxidationsbeständigkeit und Verschleißfestigkeit verbessern.

Einen weiteren Effekt der isostatischen Nachverdichtung zeigt Abb.11 :
Da bereits nach dem Drucklossintern keine offene Porosität mehr vor-
liegt, kann der aufgebrachte Gasdruck beim Nachhipen zu einer Aushei-
lung von inneren Rissen führen.

Abb. 12 zeigt Bruch- und und Gefügeaufnahmen eines HIPSSiC-Rotors,
woraus sich der transkristalline Bruchmodus, das feinkörnige Gefüge
und die Porenverteilung erkennen lassen.

Die Verdichtung der entwachsten SSN-Rotoren erfolgt über eine Flüssig-
phasensinterung mit chemischen Reaktionen in der Glasphase zu einem po-
renfreien Körper mit einer Dichte von ca. 3,27 g/cm³. Je nach Ausgangspulver liegt die Schwindung zwischen 15 und 20 %. Aus thermodynamischen
Gründen ist es sinnvoll, die Sinterung unter erhöhtem Stickstoffdruck
durchzuführen, um die Zersetzungsreaktion von Si_3N_4 bei Sintertempera-
turen zwischen 1750 °C - 1950 °C zu unterdrücken. Bei ca. 1900 °C erreicht der Gleichgewichtspartialdruck des Stickstoffs über Si_3N_4 1 bar.
Das bedeutet, daß sich Si_3N_4 unter 1 bar N_2-Atmosphäre bei überschreiten dieser Temperatur vollständig zersetzen würde. Der Sintermechanismus beim SSN läuft über Lösungs- und Wiederausscheidungsvorgänge in
der Glasphase. Jedes Si_3N_4-Partikel ist unvermeidbar mit einer dünnen
(max. 10 nm) Schicht aus SiO_2 überzogen. Zusammen mit den oxidischen
Sinteradditiven bildet das SiO_2 bei Sintertemperatur eine flüssige
Phase, die eine schnelle Umkristallisation der äquiaxialen α-Partikel
in ein nadeliges, mechanisch stark verzahntes und dichtes ß-Si_3N_4 ermöglicht (Abb. 13). Die flüssige Phase erstarrt bei der Abkühlung als
Glas und hat sehr großen Einfluß auf die Eigenschaften des Werkstoffes.
Abb. 14 zeigt deutlich das stark verzahnte, nadelige Gefüge von ß-Si_3N_4
(SSN), das die hohe mechanische Festigkeit vom Siliciumnitrid erklärt.

Bei der Verdichtung der entwachsten SRBSN-Rotoren wird zunächst in
einem Nitridierungsprozeß zwischen 1300 °C - 1500 °C unter Stickstoff-
atmosphäre das Silicium durch Reaktionssintern in Si_3N_4 umgewandelt.
Dieser Prozeß führt ohne Schwindung zu einem porösen Si_3N_4-Körper mit
ca. 80 % TD, der anschließend, unter ähnlichen Sinterbedingungen wie bei
SSN, durch die Anwesenheit von Sinterhilfsmitteln vollständig dicht
gesintert wird. Die Schwindung beträgt in diesem Fall allerdings nur
7 - 8 %, womit sich engere Toleranzen als beim SSN einhalten lassen.
Beim SRBSN entsteht ebenfalls das ß-Si_3N_4-Gefüge, mit einer mechanisch
starkt verzahnten, nadeligen Struktur.

Abb. 15 zeigt einen SSN-Rotor mit integraler Welle in verschiedenen
Stadien der Herstellung, und zwar nach dem Spritzgießen, nach dem
Sintern und nach der Bearbeitung.

Abb. 1

Eigenschaft	Temp.	Einheit	Al_2O_3	ZrO_2	EKasic D/HD		EKasin S	EKasin D
Dichte		g/cm^3	3,90	5,75	3,10	3,16	3,27	3,18
Porosität		Vol. - %	0	0	<3,5	<1,0	0	0
Korngröße		µm	20	50	5		10	15
Härte (HK2)	20°C	MPa	23.000	18.000	26.000		17.000	18.000
Druckfestigkeit	20°C	MPa	3.500	2.000	2.200	2.500	3.000	3.200
Biegefestigkeit	20°C	MPa	350	800	410	430	750	850
	800°C	MPa	350	350	410	430	700	800
E - Modul	20°C	GPa	380	200	410	430	300	320
Bruchzähigkeit (K_{IC})	20°C	$MPam^{1/2}$	4	10	3,2		7,0	8,0
max. Anwendungstemp.		°C	1.900	900	1.600		1.400	1.400
spez. Wärme	20°C	J/kgK	900	400	1.100		700	700
Wärmeleitfähigkeit	20°C	W/mK	30	1,8	110		30	35
Wärmeausdehnung	20°C-800°C	10^{-6} /K	8,5	10,5	4,5		3,2	3,2
spez. elektrischer	20°C	$\Omega \cdot cm$	10^{14}	10^{10}	50		10^{12}	10^{9}
Widerstand	1000°C	$\Omega \cdot cm$	10^{7}	——	——		10^{7}	10^{7}
Temperatur-	20°C	R_1 in $K (\Delta T)$	85	300	190		550	590
Wechselbeständigkeit	20°C	R_2 in W/m	2.540	530	20.300		18.640	20.630
(TWB)	800°C	R_1 in $K (\Delta T)$	87	130	155		540	570
	800°C	R_2 in W/m	700	230	7.730		8.040	11.450

Gegenüberstellung der physikalischen Daten verschiedener, keramischer Konstruktionswerkstoffe

---

Vorteile:

- niedrige Dichte

- Hochtemperaturfestigkeit

- hohe Verschleißbeständigkeit

- gute Oxidations- und Korrosionsbeständigkeit

- begrenztes Kriechen

- Verfügbarkeit der Rohstoffe

Nachteile:

- hohe Sprödigkeit

- begrenzte Thermoschockbeständigkeit

- geringer Bruchwiderstand

- geringe Wärmedehnung (metallische Umgebung)

- Qualitätskontrolle

- Bearbeitung

Nr. 2542 Vor- und Nachteile von Keramik beim Einsatz im Motorenbau

Abb. 2

Abb. 3

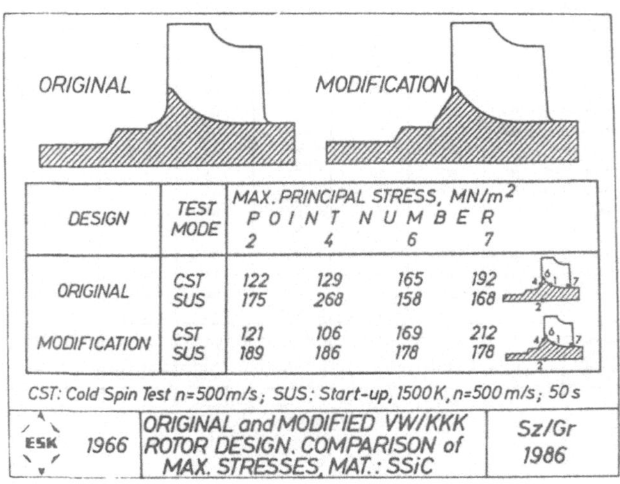

DESIGN	TEST MODE	MAX. PRINCIPAL STRESS, MN/m² POINT NUMBER				
		2	4	6	7	
ORIGINAL	CST	122	129	165	192	
	SUS	175	268	158	168	
MODIFICATION	CST	121	106	169	212	
	SUS	189	186	178	178	

CST: Cold Spin Test n=500 m/s; SUS: Start-up, 1500 K, n=500 m/s; 50 s

ESK	1966	ORIGINAL and MODIFIED VW/KKK ROTOR DESIGN. COMPARISON of MAX. STRESSES, MAT.: SSiC	Sz/Gr 1986

Abb. 4

		Metall	Keramik	
Material		Nickelbasislegierung	EKasic	EKasin
Durchmesser	(mm)	65	65	
UPM		147.000	147.000	
Umfangsgeschwindigkeit	(m/s)	500	500	
Gewicht	(g)	284	102	107
Massenträgheitsmoment	(kgm²)	4.9×10^{-6}	1.5×10^{-6}	
Festigkeit	(MPa)			
– 20° C		970	400	750
– 1100° C		360	400	500
Ausdehnungskoeffizient (RT)	(K⁻¹)	17×10^{-6}	4.2×10^{-6}	3.4×10^{-6}
Wärmeleitfähigkeit (RT)	(W/mK)	20	100	30
E-Modul (RT)	(GN/m²)	170	420	290
Bruchzähigkeit (RT)	(MPam^{1/2})	20	3-4	5-8
max. Gastemperatur	(°C)	≤1100	≥1300	
Strategische Materialkomponenten		Ni, Cr, Co, Mo, Nb, W	keine	
Preis	(DM)	ca. 60	?	

ESK	Nr 5143	ATL-Rotoren Vergleich Metall-Keramik	Gm 1987

Abb. 5

$$R_1 = \Delta T_{max} = \frac{\sigma_B \times (1 - \mu)}{\alpha \times E} \quad (K)$$

$$R_2 = R_1 \times \lambda \quad (W/m)$$

		EKasic	EKasin
1. Wärmespannungsparameter R_1	(K)	188	540
2. Wärmespannungsparameter R_2	(W/m)	18820	16200
Biegefestigkeit σ_B (RT)	(MPa)	400	750
Poissonzahl μ		0.17	0.29
Ausdehnungskoeffizient α_{RT}	(K^{-1})	4.2×10^{-6}	3.4×10^{-6}
E – Modul (RT)	(GN/m^2)	420	290
Wärmeleitfähigkeit λ_{RT}	(W/mK)	100	30

ESK Nr 5144	Temperaturwechselbeständigkeit (TWB) von EKasic und EKasin	Gm 1987

Abb. 6

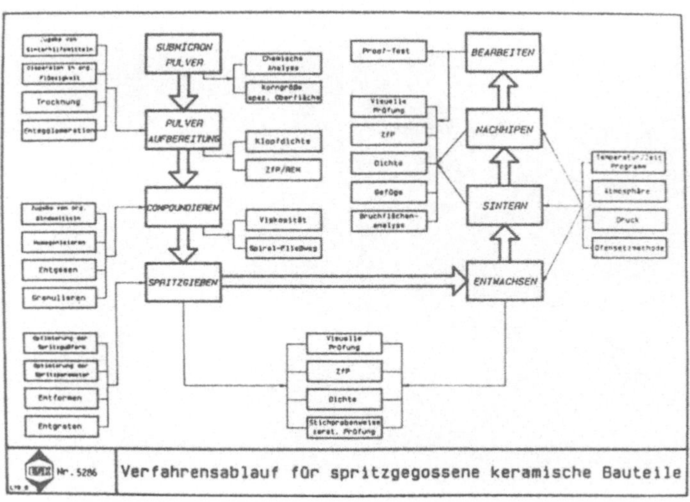

Abb. 7

1.8mm
as molded
baked
CRACK GROWTH DURING DEBONDING
of K26-SiC-radial rotors
1 W/o BINDER REMOVAL, $T_{debond.}$=72°C
ESK Nr. 1953
Sz/Gr
1986

Abb. 8

1.8 mm
CRACK GROWTH DURING DEBONDING
of K26-SiC-radial rotors
10 W/o BINDER REMOVAL, $T_{debond.}$=130°C
ESK Nr. 1950
Sz/Gr
1986

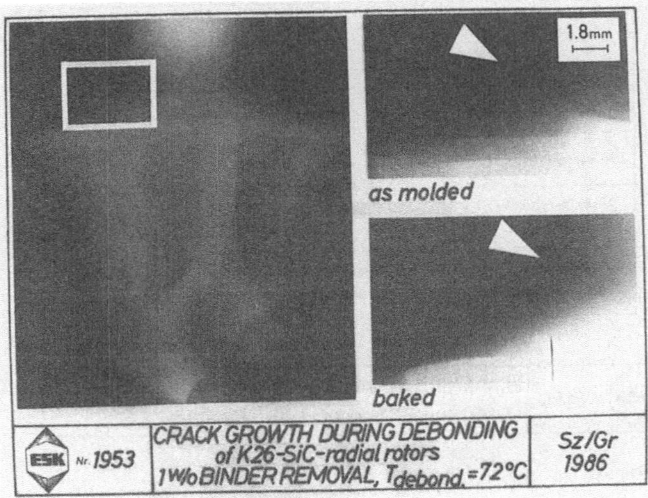

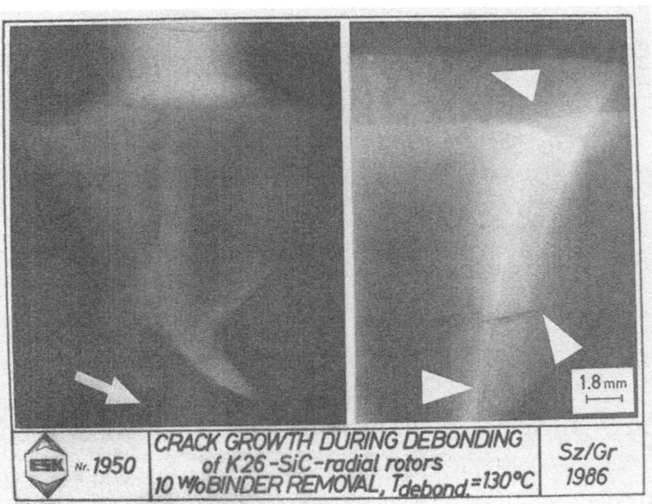

Abb. 9

X-RAY MICROFOCUS NDI
OPTICAL MICROGRAPHS (AXIAL SECTION)
7 fold magnification, 50 fold
1,4 mm
200 µm
ESK Nr. 1981
NONDESTRUCTIVE AND DESTRUCTIVE INSPECTION OF A
HIPSSiC ROTOR SHAFT HAVING SUBSURFACE CRACKS
NOTICE: ONLY CRACKS WITH GAPS >100µm ARE FOUND BY NDI
Sz/Gr
1986

Abb. 10

370 µm
Gesintert
550 µm
200 µm
Gehipt
Gehipt
ESK Nr. 5157
Rißheilung durch Nachhipen
Gm
1987

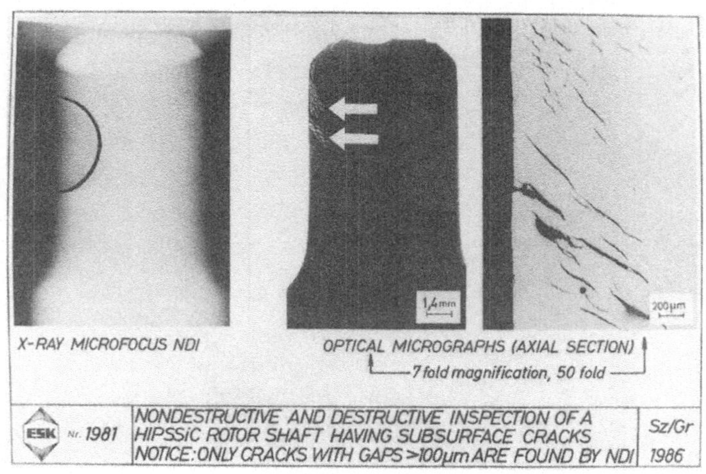

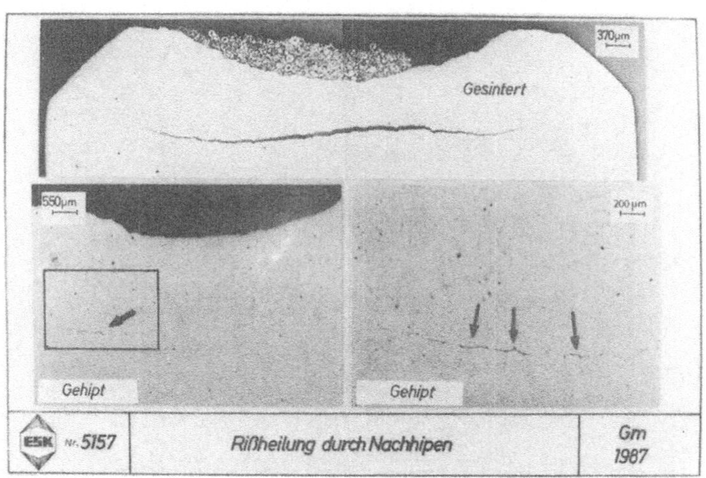

Abb. 11

5µm
50µm
50µm
ESK
Nr.
5151
Gefüge HIPSSiC
ESK-ATL-Rotor
Gm
1987
EK-Form 5571

Abb.12

sintering
aid
Si₃N₄
β
α
α
α
α
α
β_Si₃N₄
liquid
β_Si₃N₄
solidified
liquid
phase
Starting powders
Transformation
α-β-Si₃N₄
Microstructure of
dense Si₃N₄
Si₃N₄ + sintering
aid
(i.e. MgO)
sintering
hot-pressing
MgO + SiO₂
(surface)
→ liquid
magnesium-
silicates
cooling
· α - Si₃N₄
· β - Si₃N₄
· glassy phase
ESK
Nr.
5204
Lösungs- und Wiederausscheidungsvorgänge beim Sinter- und Verdichtungs-
prozeß von Siliziumnitrid (Ziegler)
La
1988

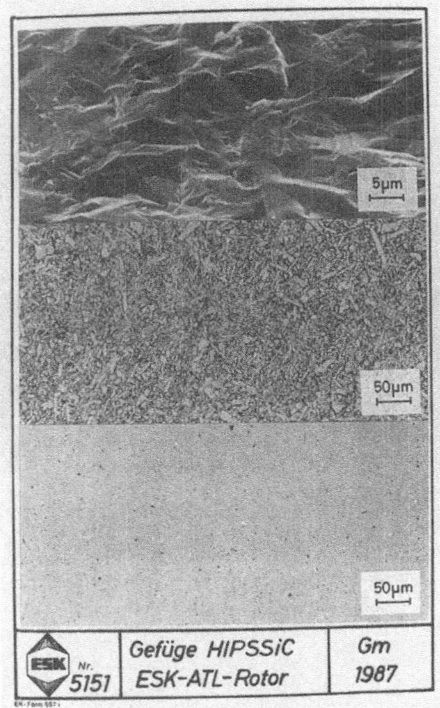

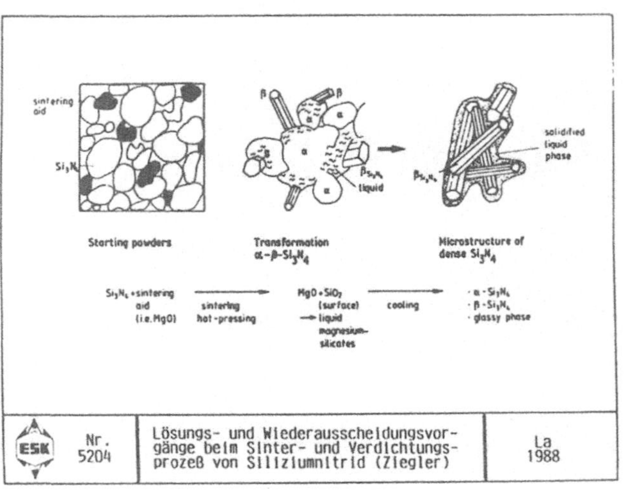

Abb.13

Nr. 5270
Microstructure of ß-Si₃N₄
Gm
EK·Form 557 n
2 µm

Abb. 14

Nr. 2543
SSN-ATL-Rotor: spritzgeossen, gesintert, bearbeitet
20mm

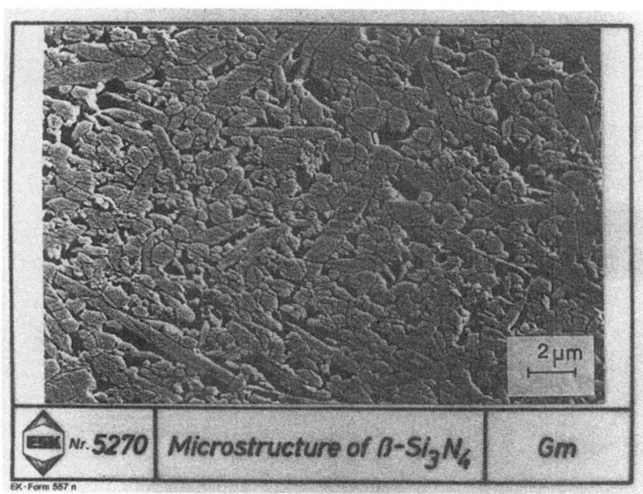

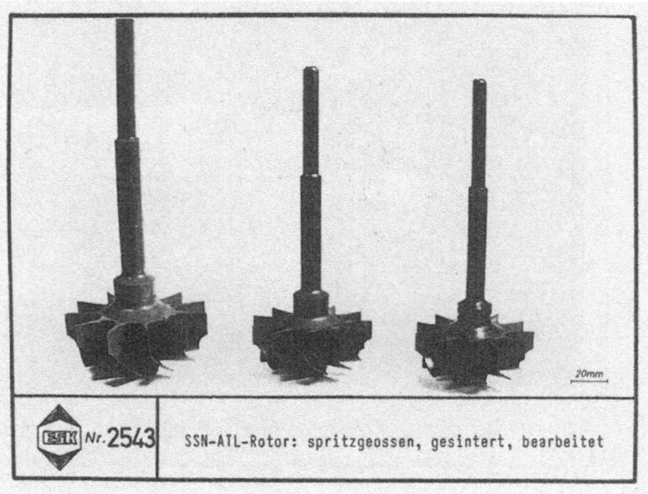

Abb. 15

ESK Nr. 5160
ATL-Rotoren
Gm
1987

Abb. 16

ESK Nr. 2545
Schleuderstand für ATL-Rotoren
Gm

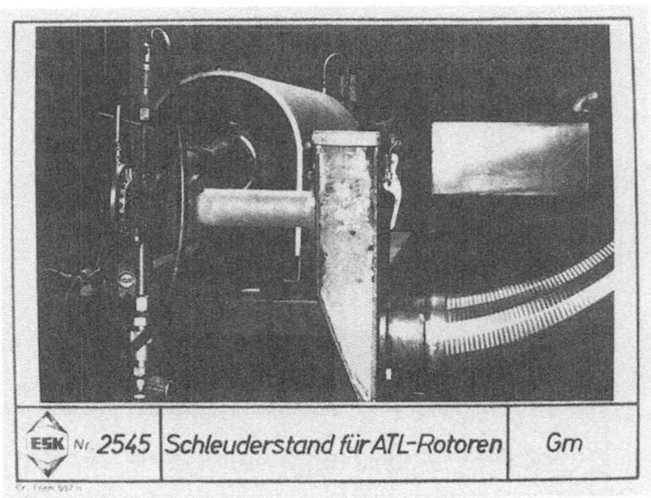

Abb. 17

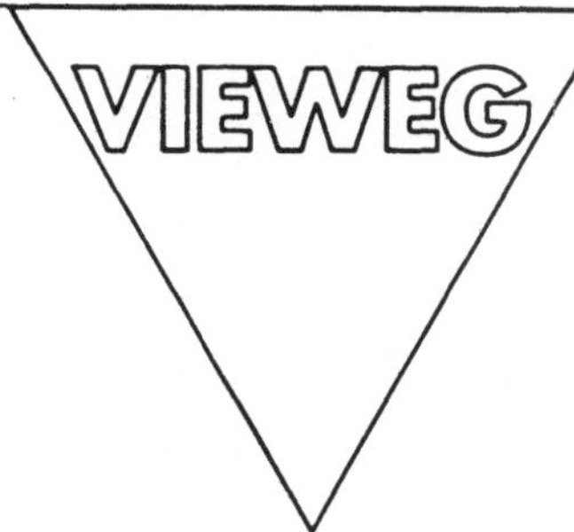

Waldemar Stühler (Hrsg.)

Fahrzeugdynamik

Reifenmodelle, Antriebsstrang, Gesamt-fahrzeug, Schwingungseinwirkung. Refe-rate der 2. Fahrzeugdynamik-Fachtagung.
1988. X, 282 Seiten. 16,2 x 22,9 cm. (Fort-schritte der Kraftfahrzeugtechnik, Bd. 1.) Kartoniert.

Die 2. Fahrzeugdynamik-Fachtagung 1988 befaßte sich mit verschiedenen Rei-fenmodellen und deren Einfluß auf das 

Schwingungsverhalten von Fahrzeugen. Im Vordergrund standen Simulationsmodelle, Meßtechniken und Strategien zur Minderung der Schwingungsneigung bzw. -einwirkung.
Die Anwendungsbereiche beziehen sich auf PKW, Nutz- und Schienenfahrzeuge.

Zur Reihe „Fortschritte der Kraftfahrzeugtechnik":
Die in dieser Reihe erscheinenden Bücher geben einen Quer-schnitt durch die moderne Kraftfahrzeugtechnik. Auf wissenschaft-lichem Niveau werden Ergebnisse der Forschung zusammen-getragen, Tests und Entwicklungen bewertet, Methoden zur Lösung von Problemen vorgestellt.

Damit soll die Reihe Forum für die Beteiligten des Arbeitsfeldes Kraftfahrzeug sein.

Die Reihe hat sich zum Ziel gesetzt, die Theorie aufzuarbeiten, ohne dabei den Blick auf die Anwendungen zu verlieren. Sie verbindet so die naturwissenschaftlichen Grundlagen mit der inge-nieurmäßigen Anwendung.

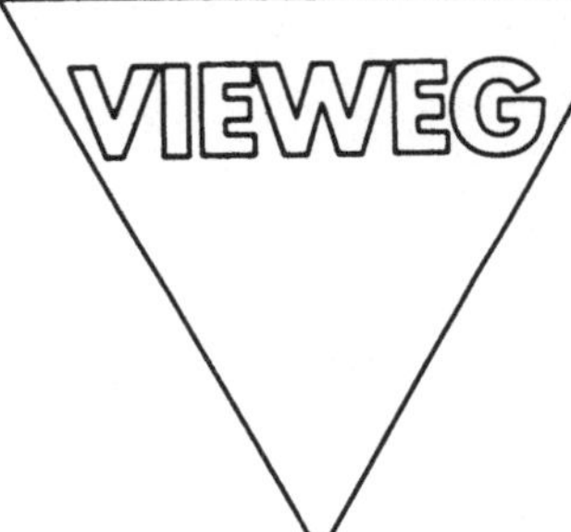

Johannes Volmer (Hrsg.)

Getriebetechnik

Leitfaden. Erarbeitet von zahlreichen Autoren. Mit einem Anhang: Gegenüberstellung der im Buch genannten Normblätter nach TGL und DIN.

3., bearbeitete Auflage 1989. 383 Seiten. 16,2 x 22,9 cm. (Viewegs Fachbücher der Technik.) Kartoniert.

Inhalt: Einführung – Systematik der Getriebe – Grundlagen der Getriebeanalyse – Koppelgetriebe – Kurvengetriebe – Zahnrädergetriebe – Reibkörpergetriebe – Schraubengetriebe – Zugmittelgetriebe – Druckmittelgetriebe – Kombinierte Getriebe – Stufenlos verstellbare Getriebe zur Drehzahl-Drehmoment-Wandlung – Schrittgetriebe – Werke.

In diesem Lehr- und Arbeitsbuch werden alle Getriebe als ein einheitliches System von Bauelementen behandelt. Dieses erfolgt in geschlossener Form auf der Grundlage der Struktur- und Funktionsanalyse. Der Umfang des Buches entspricht den Grundlagen, die der zukünftige Ingenieur des Maschinenbaus für sein Ingenieurstudium benötigt. Zahlreiche Lehrbeispiele und Aufgaben sowie umfangreiches Bildmaterial ermöglichen die Stoffaneignung auch im Selbststudium.